高等职业教育机电专业系列教材

电工与电子技术

（第二版）

主　编　佘明辉　徐　明　李进旭

副主编　张　嘉　罗继军　林优礼

　　　　李王辉　龚文杨

 南京大学出版社

内 容 摘 要

本书分为电工技术基础知识和电子技术基础知识两大部分。第一部分是电工技术基础,分为7个模块,主要包括:电路的基本概念、复杂直流电路分析方法、正弦交流电路、三相电路、磁路和变压器、电动机和常用低压电器与控制电路。第二部分是电子技术基础,也分为7个模块,主要包括:半导体二极管和三极管、基本放大电路、集成运算放大器、直流稳压电路、数字逻辑电路、时序逻辑电路和555定时器及其应用。

本书在保证电工与电子技术学科必要的基础知识、基本分析方法和基本技能的基础上,加强了电工与电子技术理论和工程实践的结合,以适应当前教学改革的需要。

本书可作为高等职业学校、高等专科学校、成人高校和民办高校非电子类专业的教材,也可作为电工与电子技术基本知识与技能的培训教材。

图书在版编目(CIP)数据

电工与电子技术 / 佘明辉,徐明,李进旭主编. —
2 版. — 南京:南京大学出版社,2016.9(2021.9重印)
ISBN 978 - 7 - 305 - 17312 - 7

Ⅰ. ①电… Ⅱ. ①佘… ②徐… ③李… Ⅲ. ①电工技
术—高等职业教育—教材 ②电子技术—高等职业教育—教
材 Ⅳ. ①TM ②TN

中国版本图书馆 CIP 数据核字(2016)第 171302 号

出版发行 南京大学出版社
社 址 南京市汉口路 22 号 邮编 210093
出版人 金鑫荣

书 名 **电工与电子技术(第二版)**
主 编 佘明辉 徐 明 李进旭
责任编辑 何永国 编辑热线 025 - 83686531
照 排 南京开卷文化传媒有限公司
印 刷 广东虎彩云印刷有限公司
开 本 787×1092 1/16 印张 13 字数 321 千
版 次 2016 年 9 月第 2 版 2021 年 9 月第 6 次印刷
ISBN 978 - 7 - 305 - 17312 - 7
定 价 35.00 元

网 址:http://www.njupco.com
官方微博:http://weibo.com/njupco
微信服务号:njuyuexue
销售咨询热线:(025)83594756

本书 PPT 下载

前　言

本书编者为长期从事高等职业教育的工作者。本书是以编者多年的教学实践为基础，在结构、内容安排等方面，吸收了近几年在教学改革、教材建设等方面取得的经验体会，力求全面体现高等职业教育的特点，满足当前教学的需要，并在编写过程中注意了以下三个方面：

（1）根据非电类电工电子技术教学的特点，在教材内容选取上，以"必需、够用"的基本概念、基本分析方法为主，舍去复杂的理论分析，辅之以适量的习题，内容层次清晰，循序渐进，让学生对基本理论有系统、深入的理解，为今后的持续学习奠定基础。

（2）注重将理论讲授与实践训练相结合，理论讲授贯穿于实际应用中，以基本技能和应用为主，易学易懂易上手，且具有工程应用性。注重学生分析问题、解决问题能力的培养。

（3）在内容安排上，注重吸收新技术、新产品、新内容。全书涉及电工与电子技术的基础知识，根据电工电子技术基础知识的特点，按照高职高专教育要求，集知识、能力、技能和实用等为一体，做了一次有益探索。

本书理论教学为 128 学时，书中打 * 号的部分是选学内容，相关的实验课时可根据实际情况自行调整。

本教材由佘明辉、徐明、李进旭任主编；张嘉、罗继军、林优礼、李王辉、龚文杨任副主编；全书由佘明辉教授统稿。

由于编写时间较紧且教材涉及范围较宽，加之编者水平有限，书中难免有错误和不妥之处，恳请读者和同行批评指正。

编　者

2016 年 7 月

目　　录

第二部分　电子技术基础

第一部分
电工技术基础

模块一　电路的基本概念

本模块内容主要介绍电路及电路模型；电路中电压、电流的正方向；电路元件和电路的基本定律。这些内容是进一步学习电路分析和电子技术的基础。

项目一　电路及电路模型

1. 电路

若干电气设备按照一定方式组合起来，构成电流的通路，称为电路。

2. 电路的作用

电路的作用是实现电能的输送与转换，如供电系统；或是信号的传递和处理，如通信系统等。电路的形式多种多样，有的可以延伸到几百千米以外，有的可以集成在几平方厘米以内，但是通常都是由电源（或信号源）、负载和中间环节三部分组成。

① 电源。电源是为电路提供电能的装置，可以将化学能、机械能转换为电能或者把电能转换成为另一种形式的电能或者电信号。如电池、发电机、信号源等。

② 负载。负载是取用电能的装置或者器件，可将电能转换为其他形式的能量，如电炉、电动机、电灯、扬声器等设备和器件。

③ 中间环节。中间环节是连接电源和负载的部分，它起到传输、分配和控制电路的作用，如变压器、输电线、放大器、开关等。

如图 1-1-1(a)所示的手电筒电路是最简单的电路。其中，干电池是电源，灯泡是负载，开关和导线是中间环节。由发电机、变压器、电动机、电池、电灯、电容、电感线圈、二极管、三极管等功能不同的实际元件或器件组成的电路称为实际电路。

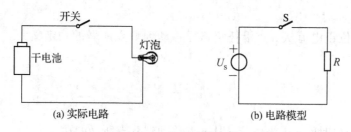

图 1-1-1　手电筒电路

为了便于对实际电路进行分析计算，必须在一定的条件下，将实际元件加以近似化、理想化,忽略其次要特性,用一个或多个表征其主要特性的理想化电路元件代替。而由理想元件组成的电路,称为实际电路的电路模型(简称电路)。

图1-1-1(b)为图1-1-1(a)所示实际的手电筒电路的电路模型。其中灯泡为理想电阻元件,干电池(忽略其内阻)为理想电源U_S,导线和开关认为是无电阻的理想导线。

理想电器元件主要有理想电阻元件(简称电阻),理想电感元件(简称电感),理想电容元件(简称电容),理想电压源,理想电流源等。

项目二   电路中的基本物理量

1. 电流

电流是电荷(带电粒子)有规则的定向运动形成的,在单位时间内通过某一导体横截面的电荷量,定义为电流强度,简称电流,即

$$i = \frac{q}{t}$$

式中,q为电荷量,t表示单位时间内。

上式表示电流为时间的函数,是随时间而变化的,用小写字母i表示(国标规定,随时间变化的物理量用小写字母表示,不随时间变化的物理量用大写字母表示)。若$\frac{q}{t}$等于常数,则该电流称为恒定电流,简称直流,用大写字母I表示。

习惯上把正电荷移动的方向规定为电流的实际方向。

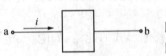

图1-1-2　电流的参考方向

在分析计算电路前,往往很难事先断定电路中电流的实际方向,为此,可先任意选定某一方向作为电流的参考方向(又称正方向)。如图1-1-2中所示箭头方向,表示选定的电流的正方向是从a端流向b端,又可用i_{ab}来表示该电流的正方向,且$i_{ab}=-i_{ba}$。

若计算结果i为正值,则表示电流的实际方向与参考方向相同;如i为负值,则表示其实际方向与参考方向相反。

图1-1-2中的方框表示一个二端元件或二端网络(与外部只有二个端钮相连的元件或网络称为二端元件或二端网络)。

2. 电压

电场力将单位正电荷从a点沿任意路径移动到b点所做的功定义为a、b两点之间的电压,即

$$u_{ab} = \frac{w}{q}$$

式中,w是电场力在时间t内将电荷q从a点移动到b点所做的功。

电场力对正电荷做功的方向,就是电位降低的方向,故规定电压的实际方向(极性)为由高电位指向低电位。

同样,在分析计算电路中的电压前,先任意选定电路中两点间电压的参考方向(极性),用"＋"代表高电位,"－"代表低电位。图 1-1-3 中,电压 u 的参考方向(极性)是 a 点为高电位端,b 点为低电位端,也可用双下标 u_{ab} 来表示该参考方向,且 $u_{ab}=-u_{ba}$。

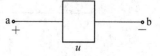

图 1-1-3　电压的参考方向

当电流和电压选取的参考方向相同则称为关联参考方向,如图 1-1-4(a)所示,若电流和电压的参考方向相反,则称为非关联参考方向,如图 1-1-4(b)所示。

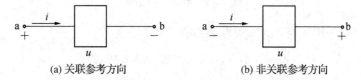

(a) 关联参考方向　　　　　　　　(b) 非关联参考方向

图 1-1-4　关联参考方向与非关联参考方向

当采用关联参考方向时,电路中只要标出电流或电压中的一个参考方向即可。本书在分析计算电路时,如未作特殊说明,均采用关联参考方向。

要特别指出的是,欧姆定律在关联参考方向下才可写为

$$u = Ri$$

而在非关联参考方向下,则写为

$$u = -Ri$$

3. 功率

单位时间内电路吸收或释放的电能定义为该电路的功率,即

$$p = \frac{w}{t}$$

一个二端元件或二端网络,当电压、电流采用如图 1-1-4(a)所示的关联参考方向时,其吸收(或消耗)的功率由上式可得

$$p = \frac{w}{t} = \frac{w}{q} \cdot \frac{q}{t} = ui$$

采用图 1-1-4(b)所示非关联方向,则其吸收(或消耗)的功率为

$$p = -ui$$

若 $p>0$ 表示该二端元件(或网络)吸收功率,为负载;若 $p<0$ 表示该二端元件(或网络)发出(或产生)功率,为电源。

【例 1-1】　求图 1-1-5(a)、(b)、(c)所示二端网络的功率,并说明是吸收功率还是发出功率。

【解】:在图 1-1-5(a)中,u 与 i 为关联参考方向,故

$$p = ui = 6 \times 1 \, \text{W} = 6 \, \text{W} > 0$$

该二端网络吸收功率。

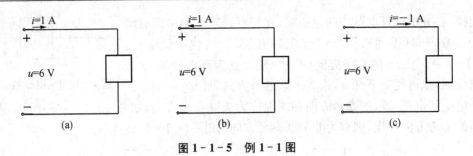

图 1 - 1 - 5　例 1 - 1 图

在图 1 - 1 - 5(b)中，u 与 i 为非关联参考方向，故

$$p = -ui = -6 \times 1 \text{ W} = -6 \text{ W} < 0$$

该二端网络发出功率。

在图 1 - 1 - 5(c)中，u 与 i 为关联参考方向，故

$$p = ui = 6 \times (-1) \text{ W} = -6 \text{ W} < 0$$

该二端网络发出功率。

项目三　电路的工作状态

电源有开路、有载和短路三种工作状态，现以直流电路为例进行讨论。

1. 电源有载工作状态

如图 1 - 1 - 6(a)所示 E 为电源的电动势，R_0 为电源的内阻，当电源与负载 R_L 接通时，电路中

$$I = \frac{E}{R_0 + R_L}$$

$$U = IR_L = E - IR_0$$

电源输出功率，即负载获得功率为

$$P = UI$$

若电源额定输出功率 $P_N = U_N I_N$，当电源输出功率 $P = P_N$ 时称满载，当 $P < P_N$ 时称为轻载。当 $P > P_N$ 时称为过载，过载会导致电气设备的损害，应注意防止。

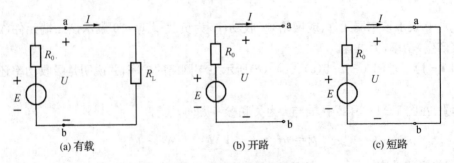

图 1 - 1 - 6　电源的三种工作状态

2. 电源开路

当图 $1-1-6$(a)中,a,b 两点断开时($R_L=\infty$),电源处于开路(空载)状态,如图 $1-1-6$(b)所示。开路的特点是开路处电流为零,故图 $1-1-6$(b)中电源电流 $I=0$,其端电压(称开路电压 U_0)$U=U_0=E$,电源输出功率 $P=0$。

3. 电源短路

当图 $1-1-6$(a)中 a,b 两点间由于某种原因被短接($R_L=0$)时,电源处于短路状态,如图 $1-1-6$(c)所示。短路的特点是,短路处电压为零。故图 $1-1-6$(c)中电源的端电压 $U=0$,此时电源的电流(称为短路电流 I_S)$I=I_S=\dfrac{E}{R_0}$ 很大,电源的输出功率 $P=0$,电源产生的功率全部消耗在内阻上,造成电源过热而损坏,故应尽量防止或采用保护措施。

开路和短路也可以发生在电路的任意两点之间,其特点是:开路处电流为零,短路处电压为零。

项目四　电路元件

理想电路元件(简称元件)是组成电路的基本单元,本内容主要讨论电阻、电感、电容和电源等两端元件的概念及其电压、电流间的关系。

1. 电阻元件

电阻器、电灯、电炉、扬声器等器件是消耗电能的,反映其主要特性的电路模型是理想电阻元件(简称电阻)。

（1）定义

一个二端元件,当任一瞬间,它的电压 u 和流过它的电流 i 两者之间的关系是由 $u-i$ 平面上的特性曲线来决定的,此二端元件就称为电阻。如图 $1-1-7$ 所示,其中图 $1-1-7$(a)为电阻的图形符号。

如果该曲线是过原点的直线,即 $\dfrac{u}{i}=R=$ 常数,则称该电阻为线性电阻,如图 $1-1-7$(b)所示。否则称为非线性电阻,如图 $1-1-7$(c)所示。

本书除特别说明外,电阻均指线性电阻。

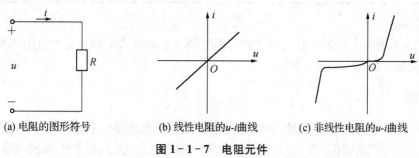

(a) 电阻的图形符号　　　　(b) 线性电阻的u-i曲线　　　　(c) 非线性电阻的u-i曲线

图 $1-1-7$　电阻元件

（2）电压与电流关系

对于线性电阻，电压、电流间的关系符合欧姆定律，即

$$u = Ri$$

或

$$i = u/R = Gu$$

式中，$G = \dfrac{1}{R}$ 称为电导，单位为西门子(S)。

（3）电阻串联与电阻并联

① 电阻串联。

图 1-1-8 为电阻串联及其等效电阻电路。电阻串联的特点是，各电阻流过同一电流，其关系式如表 1-1-1 所示。

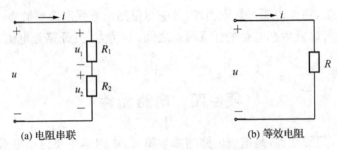

(a) 电阻串联　　　　　　　　　　　　(b) 等效电阻

图 1-1-8　电阻串联及其等效电阻

表 1-1-1　电阻串联与电阻并联电路的关系式

连接方式	串　联	并　联
等效电阻或等效电导	$R = R_1 + R_2$	$R = R_1 /\!/ R_2 = R_1 R_2/(R_1 + R_2)$
电压与电流关系	$i = \dfrac{u}{R}$	$u = Ri$
分压或分流公式	$u_1 = \dfrac{R_1}{R} u$ $u_2 = \dfrac{R_2}{R} u$	$i_1 = \dfrac{R_2}{R} i$ $i_2 = \dfrac{R_1}{R} i$
功率比	$\dfrac{P_1}{P_2} = \dfrac{R_1}{R_2}$	$\dfrac{P_1}{P_2} = \dfrac{R_2}{R_1}$

② 电阻并联。

图 1-1-9 为两个电阻并联及其等效电阻电路。电阻并联的特点是各电阻两端加的是同一电压，其关系式如表 1-1-1 所示。

2. 电感

用导线绕制的线圈(有空芯线圈和铁芯线圈等)通过电流时将产生磁通 Φ，因此它是储存磁通的元件。其主要特点是储存磁场能量。它的近似化电路模型为理想电感元件(简称电感)。

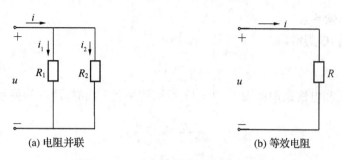

(a) 电阻并联   (b) 等效电阻

图 1-1-9 电阻并联及其等效电阻

（1）定义

一个二端元件，当任意瞬间，它所流经的电流 i 和它的磁通量 ψ 两者之间的关系是由 i-ψ 平面的一条曲线决定的，此二端元件称为电感。图形符号如图 1-1-10 所示。

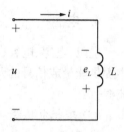

若该曲线为过原点的直线，即 $\dfrac{\psi}{i} = L =$ 常数，则该电感称为线性电感，否则，称为非线性电感。本书除特别说明，电感均指线性电感。

（2）电压与电流关系

对于线性电感 $\psi = N\Phi = Li$

图 1-1-10 电感元件

当电感中的磁通 Φ 或电流 i 发生变化时，则电感中产生感应电动势 e_L。当电感中的电压与电流和电动势采用如图 1-1-10 所示的参考方向时，

$$e_L = -N\frac{\Phi}{t} = -\frac{\psi}{t} = -L\frac{i}{t}$$

$$u = -e_L = L\frac{i}{t}$$

由上式可见，电感的端电压与电流的变化率成正比。当流过电感的电流为恒定的直流电流时，其端电压 $U = 0$，故在直流电路中电感可视为短路。

3. 电容

两块金属极板间介以绝缘材料组成的电容器，加上电压后，两极板上能储存电荷，在介质中建立电场。所以电容器是能储存电场能量的元件。其近似化电路模型为理想电容元件（简称电容）。

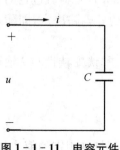

（1）定义

一个二端元件，在任一瞬间，它储存的电荷 q 和端电压 u 两者之间的关系由 q-u 平面上的一条曲线来决定的，此二端元件称为电容。其图形符号如图 1-1-11 所示。

如果电容的 q-u 曲线为通过原点的直线，即 $\dfrac{q}{u} = C =$ 常数，则该电容称为线性电容，否则称为非线性电容。本书除特别说明外，电容均指线性电容。

图 1-1-11 电容元件

（2）电压与电流关系

对于线性电容，C 为常数。

$$q = Cu$$

当电容的电压和电流采用如图 1-1-11 所示的关联方向时，两者的关系为

$$i = \frac{q}{t} = C\frac{u}{t}$$

上式可见电容的电流与其两端电压的变化率成正比。当电容两端加恒定的直流电压时，其电流 $i=0$，故在直流电路中，电容可视为开路。

4. 电源

电阻、电感、电容在电路中不能提供能量或信号，它们被称为无源元件。电源则是在电路中提供能量或信号的元件，它们被称为有源元件。理想的电源元件包括理想电压源和理想电流源。

（1）理想电压源

① 定义。

如果一个二端元件连接到任一电路后，该元件两端均能保持其规定的电压值 u_s 时，则此二端元件称为理想电压源，又称恒压源，如图 1-1-12(a)所示。

(a) 定义与符号　　　　　　　　(b) 伏安特性

图 1-1-12　理想电压源

在时间 t 时，理想电压源在 $u-i$ 平面的特性（称伏安特性）是一条平行于 i 轴的直线，它与 u 轴的交点，即为此时的 u_s 值，如图 1-1-12(b)所示。如果 u_s 是与时间 t 无关的常数，即 $u_s = u_g$ 为定值，则称该理想电压源为直流恒压源。

② 特点。

恒压源的端电压 u_s 为定值（例如 E）或一定的时间函数（例如 $220\sqrt{2}\sin\omega t$），与流过它的电流 i 无关。流过它的电流 i 不是由恒压源本身决定的，而是由与之连接的外电路决定，即随外电路的改变而改变。

若恒压源的电压值等于零（即 $u_s=0$），则该恒压源实际上就是短路，其伏安特性与 i 轴重合。不管流过它的电流为何值，其端电压恒为零。

（2）理想电流源

① 定义。

如果一个二端元件连接到任一电路后，该元件流入电路的电流均能保持其规定的值 i_s 时，

则此二端元件称为理想电流源(又称恒流源),如图1-1-13(a)所示。

在t时间时,理想电流源在i-u平面的特性曲线(伏安特性)是一条平行于u轴的直线,它与i轴的交点,即为此时的i_s值,如图1-1-13(b)所示。

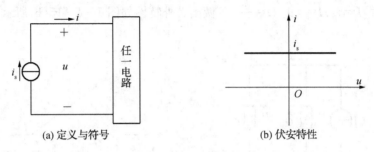

(a) 定义与符号　　　　　　　　　(b) 伏安特性

图1-1-13　理想电流源

如果i_s是与时间t无关的常数,即$i_s=I_s$为定值,则称该理想电流源为直流恒流源。

② 特点。

恒流源的电流i_s为定值或一定的时间函数,与其端电压u无关。其端电压u不是由恒流源本身决定的,而主要是由与之连接的外电路决定的,即随外电路的改变而改变。

若恒流源的电流恒等于零(即$i_s=0$),则恒流源就是开路,其伏安特性与u轴重合。不管它的端电压为任何值,其电流恒为零。

(3) 实际电源模型

实际电源都是有内阻的。一个实际电源可用两种电路模型来表示:一种是电压源模型(简称电压源);另一种是电流源模型(简称电流源)。下面以直流电源为例进行分别介绍。

① 电压源。

一个实际电源可用一个恒压源U_g与一个内阻R_0串联的电路模型表示,该电路模型称为电压源模型(简称电压源),如图1-1-14(a)所示,由图可得

$$U=U_g-IR_0$$

令$I=0$时,$U=U_g$;$U=0$时,$I=\dfrac{U_g}{R}$,可做出其伏安特性(又称外特性)曲线,如图1-1-14(b)所示。

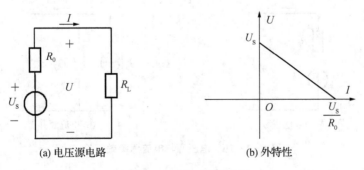

(a) 电压源电路　　　　　　　　　(b) 外特性

图1-1-14　电压源

② 电流源。

一个实际电源还可以用一个恒流源I_s与内导G_0(或内阻R_0)并联的电路模型表示。该电

路模型称为电流源模型(简称电流源),如图1-1-15(a)所示,由图可得

$$I = I_{\text{S}} - UG_0$$

令 $U=0$ 时, $I=I_{\text{S}}$; $I=0$ 时 $U=\dfrac{I_{\text{S}}}{G_0}$,可做出其外特性如图1-1-15(b)所示。

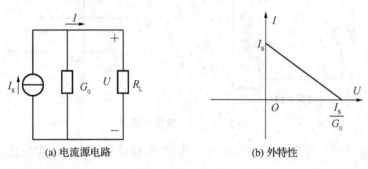

(a) 电流源电路　　　　　　　　(b) 外特性

图 1-1-15　电流源

③ 等效变换

电压源和电流源之间,当其外特性相同,即对外电路等效的前提下,两种模型间可以互换。由图1-1-14(b)和1-1-15(b)可知,当外特性相同时,即有

$$\left.\begin{array}{l} 当\ I = 0\ 时, U = U_{\text{S}} = \dfrac{I_{\text{S}}}{G_0} \\[2mm] 当\ U = 0\ 时, I = I_{\text{S}} = \dfrac{U_{\text{S}}}{R_0} \end{array}\right\}$$

可得两种模型(图1-1-16)互换时,参数间的关系

$$\begin{cases} U_{\text{S}} = \dfrac{I_{\text{S}}}{G_0} \\[2mm] R_0 = \dfrac{1}{G_0} \end{cases} \text{或} \quad \begin{cases} I_{\text{S}} = \dfrac{U_{\text{S}}}{R_0} \\[2mm] G_0 = \dfrac{1}{R_0} \end{cases}$$

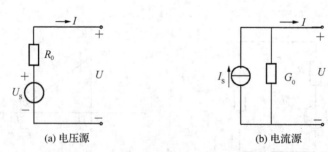

(a) 电压源　　　　　　　　　　(b) 电流源

图 1-1-16　电压源与电流源等效互换

互换时还要注意两种模型的极性必须一致。要特别强调的是等效是对外电路而言的,前提是外特性一致,而两种模型本身(即内部)的工作状态并不相同。例如,电压源开路时,功耗为零,电流源开路时,功耗全部消耗在内阻上;而电流源短路时,功率为零,电压源短路时功耗

全部消耗在内阻上。

　　另外,特别注意的是,恒压源和恒流源间不能等效互换,但在电路分析时,可将与恒压源串联的电阻或与恒流源并联的电阻看成其内阻,进行等效互换。

　　【例 1 - 2】　电路及参数如图 1 - 1 - 17(a)所示,试求图中的电流 I。

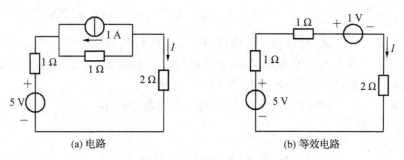

(a) 电路　　　　　　　　　　　　　　(b) 等效电路

图 1 - 1 - 17　例 1 - 2 图

　　【解】:利用等效变换将图 1 - 1 - 17(a)等效变换为图 1 - 1 - 17(b)所示电路,则可得

$$I = \frac{5-1}{1+1+2} \text{A} = 1 \text{A}$$

项目五　电路中电位的计算

　　在电路的分析中,尤其是电子电路中,常常要计算电路中某点的电位,从而判断二极管、三极管等器件的工作状态。所谓电路中各点的电位就是该点到参考点之间的电压。因此,为了计算电路中各点的电位必须选定电路中的某一点作为参考点,取该点的电位为零。通常工程上选大地为参考点,机壳需接地,可选机壳做参考点;机壳不接地,为分析方便,通常把元件汇集的公共端或公共线选做参考点,也称为"地",并用符号"⊥"表示,如图 1 - 1 - 18 所示。

　　在电子电路中,当电源有一端接地时,为了简便,习惯上把电源的接地端省去不画,只画出电源不接地的一端。如图 1 - 1 - 19(a)所示的电路可简化为图 1 - 1 - 19(b)。

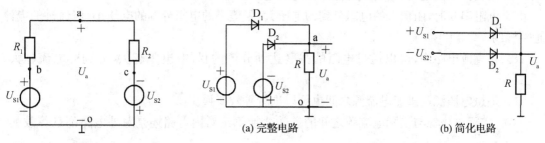

图 1 - 1 - 18　电路中的参考点　　　　　(a) 完整电路　　　　　　(b) 简化电路

　　　　　　　　　　　　　　　　　　　　图 1 - 1 - 19　电子电路中的简化画法

　　【例 1 - 3】　在图 1 - 1 - 20 中,a 点作为参考点,已知:$R_1 = 1 \Omega$,$R_2 = 2 \Omega$,$U_{S1} = 6 \text{V}$,$U_{S2} = 3 \text{V}$,试求 a、b、c 点的电位 U_a、U_b、U_c 及 U_{ba}。

　　【解】:由图 1 - 1 - 20 可得

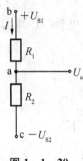

图 1-1-20
例 1-3 图

$$U_b = U_{S1} = 6 \text{ V}$$

$$U_c = -U_{S2} = -3 \text{ V}$$

$$I = \frac{U_{S1} - (-U_{S2})}{R_1 + R_2} = \frac{6+3}{1+2} \text{ A} = 3 \text{ A}$$

$$U_{ba} = U_b - U_a = (6-3) \text{ V} = 3 \text{ V}$$

　　必须指出的是,电路中某点的电位是指该点与参考点之间的电压,随着参考点的改变,电路中某点的电位的值也改变。而两点间的电压(即两点的电位差)是不变的,与参考点无关。

　　例如,图 1-1-20 中选 c 点为参考点,则

$$U_c = 0$$

$$U_a = U_c + IR_2 = 3 \times 2 \text{ V} = 6 \text{ V}$$

$$U_b = U_{S2} + U_{S1} = 9 \text{ V}$$

$$U_{ba} = U_b - U_a = (9-6) \text{ V} = 3 \text{ V}$$

习 题 一

一、判断题

　　1. 电路是电流通过的路径,是根据需要由电工元件或设备按一定方式组合起来的。(　　)

　　2. 电流的参考反方向可能是电流的实际方向,也可能与实际反方向相反。(　　)

　　3. 电路中某两点间的电压具有相对性,当参考点变化时,电压随着发生变化。(　　)

　　4. 电路中某一点的电位具有相对性,只有参考点(零势点)确定后,该点的电位值才能确定。(　　)

　　5. 如果电路中某两点的电位都很高,则该两点间的电压也很大。(　　)

　　6. 电阻值不随电压、电流的变化而变化的电阻称为线性电阻。(　　)

　　7. 电阻串联时,阻值大的电阻分到的电压大,阻值小的电阻分到的电压小,但通过的电流是一样的。(　　)

　　8. 在直流电路中,可以通过电阻的并联达到分流的目的,电阻越大,分到的电流越大。(　　)

　　9. 理想电压源与理想电流源之间也可以进行等效变换。(　　)

　　10. 实际电压源与实际电流源之间的等效变换不论对内电路还是对外电路都是等效的。(　　)

二、选择题

　　1. 下列说法中,正确的是(　　)

　　　A. 电位随着参考点(零电位点)选取的不同,数值会发生变化

　　　B. 电位差随着参考点(零电位点)选取的不同,数值会发生变化

　　　C. 电路上两点的电位很高,则其间电压也很大

D. 电路上两点的电位很低,则其间电压也很小

2. 在下列规格的白炽灯中,电阻最大的是(　　)。

A. 200 W、220 V

B. 100 W、220 V

C. 60 W、220 V

D. 40 W、220 V

3. 电路中标出的电流参考方向如图 1-1-21 所示。电流表读数为 2 A,则可知电流 I 是(　　)。

A. $I=2$ A

B. $I=-2$ A

C. $I=0$ A

D. $I=-4$ A

4. 如图 1-1-22 所示的电路中,电流 I 与电动势 E、电压 U 的关系式 $I=$(　　)。

A. $\dfrac{E}{R}$

B. $\dfrac{U+E}{R}$

C. $\dfrac{U-E}{R}$

D. $-\dfrac{U+E}{R}$

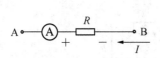
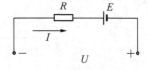

图 1-1-21　选择题 3 图　　　　　　　　图 1-1-22　选择题 4 图

5. 若电源供电给电阻 R_L 时,电源电动势 E 和电阻 R_L 均保持不变,为了使电源输出功率最大,应调节内阻值等于(　　)。

A. 0

B. R_L

C. ∞

D. $R_L/2$

三、计算题

1. 试计算图 1-1-23 中各元件的功率,并说明元件是吸收功率还是发出功率。

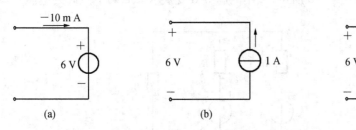

图 1-1-23　计算题 1 图

2. 图 1-1-24 中,已知 $u=2$ V,$i=1$ A,试计算各元件的功率,并说明哪个是电源,哪个是负载?

3. 试求图 1-1-25(a)中的 U_0 和图 1-1-25(b)中的 I_s。

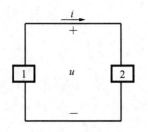
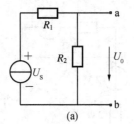
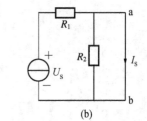

图 1-1-24　计算题 2 图　　　　图 1-1-25　计算题 3 图

4. 图 1-1-26(a)中已知 U_{S1}、U_{S2}，求等效电源 U_S，并写出图 1-1-26(b)中已知 I_{S1}、I_{S2} 时，等效电源 I_S 的表达式。

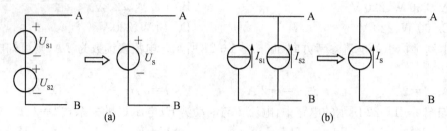

图 1-1-26　计算题 4 图

5. 试用电源等效变换求图 1-1-27 中的电流 I。

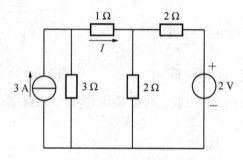

图 1-1-27　计算题 5 图

6. 电路参数如图 1-1-28 所示，试用电源等效变换求 a、b 两节点间的电压 U。

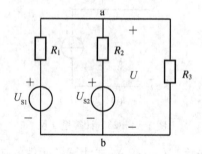

图 1-1-28　计算题 6 图

7. 求图 1-1-29 中 A 点的电位。

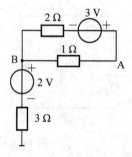

图 1-1-29　计算题 7 图

模块二　复杂直流电路分析方法

本模块以直流电路为例,研究与电路连接方式有关的基本规律——基尔霍夫定律。介绍几种复杂电路的分析方法,包括支路电流法、叠加原理和戴维南定理。这些都是分析电路的基本原理和方法。

项目一　基尔霍夫定律

基尔霍夫定律是分析和计算电路的基本定律,包括基尔霍夫电流定律和基尔霍夫电压定律。为了便于介绍,现以图1-2-1为例,先介绍有关电路结构的几个术语。

支路:电路中通过同一个电流的每一分支称为支路。如图1-2-1中ab、ac、cd等共有6条支路。

结点:三条或三条以上支路的连接点,称为结点。如图1-2-1中a、b、c、d为4个结点。

回路:电路中任一闭合路径称为回路,如图1-2-1中abcda、acda等共有7个回路。

网孔:内部不含支路的回路称为网孔,如图1-2-1中有abca、acda、cbdc共3个网孔。

一个平面电路,设支路数为b,结点数为n,网孔数为m,则它们的关系是:

$$b = (n-1) + m$$

如图1-2-1中的支路数:$b = (4-1) + 3 = 6$。

1. 基尔霍夫电流定律

基尔霍夫电流定律(简称KCL),又称结点(节点)电流定律,也称基尔霍夫第一定律,是用以确定连接到结点上的各支路电流之间关系的。其依据是电流的连续性,对任一结点,任一时刻流入结点的电流之和等于流出结点的电流之和;否则,在结点上就有电荷的产生或消灭,这是不符合"电流守恒定律"的。

在图1-2-1所示的电路中的结点a,另见图1-2-2可得出

$$i_3 = i_1 + i_2$$

或

$$i_3 - i_2 - i_1 = 0$$

上式表示任意时刻流入结点a的所有支路电流的代数和等于零。

因此,基尔霍夫电流定律可表述为:电路的任一结点,任一时刻流入该结点的所有支路电流的代数和恒等于零。用公式表示为

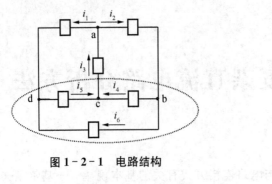

图 1-2-1 电路结构

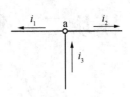

图 1-2-2 结点

$$\sum i = 0$$

式中,根据电流的正方向,流入结点的电流前面取正号,流出结点的电流前面取负号,反之亦然。

在直流电路中为

$$\sum I = 0$$

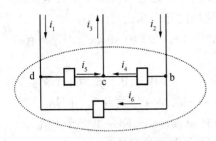

图 1-2-3 KCL 扩展应用

基尔霍夫电流定律用公式也可表示为 $\sum I_i = \sum I_o$。上述公式可表示为:电路中的任何一点,流入该节点的电流之和等于流出该节点的电流之和。

基尔霍夫电流定律还可以推广应用于包围局部电路的任一假设的闭合曲面(高斯面)。例如图 1-2-1 中虚线所示的闭合曲面(图 1-2-3)

在图 1-2-3 中对结点 b、c、d 分别应用 KCL 可得

$$i_2 - i_4 - i_6 = 0$$
$$-i_3 + i_4 + i_5 = 0$$
$$i_1 - i_5 + i_6 = 0$$

上列三式相加,则有

$$i_1 + i_2 - i_3 = 0$$

或

$$\sum i = 0$$

可见,在任一时刻流入(或流出)任一闭合曲面的所有电流的代数和也恒等于零。

【例 2-1】 图 1-2-1 中,已知 $i_3 = 1 \text{ A}$,$i_2 = -2 \text{ A}$,求 i_1。

【解】:根据图 1-2-1 中各点电流的正方向,可得

$$i_1 = i_3 - i_2 = [1 - (-2)] \text{ A} = 3 \text{ A}$$

本例可见公式中有由电流的正方向决定的正负号,另外电流本身也有正负号。

2. 基尔霍夫电压定律

基尔霍夫电压定律(简称 KVL),又称回路电压定律,也称为基尔霍夫第二定律,是用以确

定回路中各段电压间关系的。其依据为电路中任意瞬时电位具有单值性,即如果从电路中某点出发以顺时针或逆时针方向沿任一回路循行一周回到原出发点时,该点的瞬时电位是不会发生变化的。亦即沿该回路循行方向上的所有电位之和等于零。

例如,图 1-2-4 中,从 a 点出发按虚线所示循行方向沿 abcda 回路循行一周回到 a 点,如图中虚线所示。

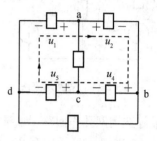

根据该回路中各段电压所标正方向可列出

$$u_2 + u_4 + u_5 = u_1$$

即

$$u_2 + u_4 + u_5 - u_1 = 0$$

上式表示任一时刻沿该方向回路中所有各段电压的代数和等于零。

图 1-2-4 基尔霍夫电压定律

因此,基尔霍夫电压定律可表述为:电路中任一时刻,沿任一回路绕行方向,回路中所有各段电压的代数和恒等于零。用公式表示为

$$\sum u = 0$$

在直流电路中

$$\sum U = 0$$

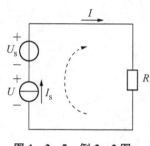

其中,电压的正方向与绕行方向一致时,前面取正号,相反时取负号,反之亦然。基尔霍夫电压定律也可推广应用于局部电路。

基尔霍夫电压定律用公式也可表示为 $\sum E = \sum IR$,上述也可表示为:电路中任一回路,该回路的电压总和等于该回路电流产生的电压总和。

【例 2-2】 图 1-2-5 所示电路中,已知 $U_s = 9$ V, $I_s = 2$ A, $R = 3$ Ω,试求恒流源的端电压 U。

图 1-2-5 例 2-2 图

【解】 由 KVL 可得

$$IR + U - U_s = 0$$
$$U = U_s - IR = U_s - I_s R = (9 - 2 \times 3) \text{ V} = 3 \text{ V}$$

或

$$U_s - U = IR$$
$$U = U_s - IR$$
$$= U_s - I_s R$$
$$= (9 - 2 \times 3) \text{ V} = 3 \text{ V}$$

项目二 支路电流法

支路电流法是以支路电流为变量,直接运用基尔霍夫结点电流定律和回路电压定律列方程,然后联立求解的方法,它是电路分析最基本的方法。如图 1-2-6 所示电路,共有 3 条支路、2 个结点、2 个网孔,运用支路电流法分析的一般步骤如下:

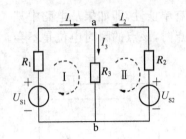

图 1-2-6　支路电流法

（1）确定各个支路电流的参考方向，并在图中标出。

（2）根据 KCL 列结点电流方程，n 个结点的电路可列出 $(n-1)$ 个独立方程。在图 1-2-6 中，有 2 个结点，a 和 b 结点。

对结点 a：$I_1+I_2-I_3=0$

对结点 b：$-I_1-I_2+I_3=0$

2 个结点只能列出 1 个独立的结点电流方程。

（3）根据 KVL 列回路电压方程。为保证所列方程为独立方程，每次选取回路时最少应包含一条前面未曾用过的新支路，最好选用网孔作回路。如果电路有 m 个网孔则可列出 m 个独立的回路电压方程。

在图 1-2-6 中有 2 个网孔，标出网孔的绕行方向。

对左边网孔：$R_1I_1+R_3I_3-U_{S1}=0$

对右边网孔：$-R_3I_3-R_2I_2+U_{S2}=0$

应用 KCL 和 KVL 共可列出 $(n-1)+m=b$ 个独立方程，根据它们的关系可知 b 正好为支路数。

（4）联立求解方程式，即可求出各支路电流。

联立求解方程即可求出图 1-2-6 中各支路电流 I_1，I_2 和 I_3。

【例 2-3】　图 1-2-6 中，若 $R_1=R_2=R_3=1\ \Omega$，$U_{S1}=3\ \mathrm{V}$，$U_{S2}=1\ \mathrm{V}$，求各支路电流。

【解】：将已知数据代入结点电流方程式和网孔电压方程式可得

$$\begin{cases} I_1+I_2-I_3=0 \\ I_1+I_3=3 \\ I_2+I_3=1 \end{cases}$$

解之得

$$\begin{cases} I_1=\dfrac{5}{3}\ \mathrm{A} \\ I_2=-\dfrac{1}{3}\ \mathrm{A} \\ I_3=\dfrac{4}{3}\ \mathrm{A} \end{cases}$$

【例 2-4】　试用支路电流法求图 1-2-7 中的电流 I_1 和 I_2。

【解】：图 1-2-7 中共有 3 条支路，其中一条支路的电流已知为 I_S。求另外两条支路电流 I_1 和 I_2，故只需列两个独立方程。

① I_1 和 I_2 的正方向和所选回路绕行方向如图 1-2-7 所示。

② 根据 KCL，对结点 a：$I_1-I_2=I_S$

③ 根据 KVL，对右边网孔：$R_1I_1+R_2I_2=U_S$

④ 联立求解得

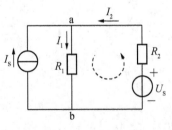

图 1-2-7　例 2-4 图

$$I_1=\frac{U_S+R_2I_S}{R_1+R_2}; \qquad I_2=\frac{U_S-R_1I_S}{R_1+R_2}$$

*项目三　叠加原理

叠加原理是线性电路普遍适用的基本原理,其内容是:在线性电路中,任一支路的电流(或电压)都是电路中各个电源单独作用时在该支路产生的电流(或电压)的代数和。所谓电源单独作用,即令其中一个电源作用,其余电源为零(恒流源以开路代替,恒压源以短路代替)。如图 $1-2-8$(a)中所示电路的支路电流 I_1 和 I_2 是电路中恒流源 I_S 单独作用(图 $1-2-8$(b))和恒压源 U_S 单独作用(图 $1-2-8$(c))时,在该支路产生的电流的代数和。

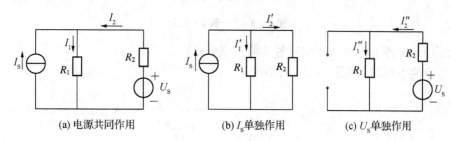

(a) 电源共同作用　　　　(b) I_S 单独作用　　　　(c) U_S 单独作用

图 $1-2-8$　叠加原理

由图 $1-2-8$(b)可得:
$$I_1' = \frac{R_2}{R_1+R_2}I_S$$

$$I_2' = \frac{R_1}{R_1+R_2}I_S$$

由图 $1-2-8$(c)可得:
$$I_1'' = I_2'' = \frac{U_S}{R_1+R_2}$$

则
$$I_1 = I_1' + I_1'' = \frac{R_2 I_S}{R_1+R_2} + \frac{U_S}{R_1+R_2} = \frac{U_S + R_2 I_S}{R_1+R_2}$$

$$I_2 = -I_2' + I_2'' = -\frac{R_1 I_S}{R_1+R_2} + \frac{U_S}{R_1+R_2} = \frac{U_S - R_1 I_S}{R_1+R_2}$$

图 $1-2-8$(a)所示电路与图 $1-2-7$ 完全一样,用叠加原理计算出的 I_1 和 I_2 与用支路电流法计算的结果也完全相同,验证了叠加原理。由此可见,利用叠加原理可将含有多个电源的电路分析,简化成若干单电源的简单电路分析。

利用叠加原理时应注意以下几点:

① 叠加原理仅适用于线性电路。

② 电源单独作用时,只能将不作用的恒压源短路,恒流源开路,电路的结构不变。

③ 叠加时,如果各电源单独作用时,电流(或电压)分量的参考方向与总电流(或电压)的参考方向一致时,前面取正号,不一致时取负号。

④ 电路中电压、电流可叠加,功率不可叠加,例如,图 $1-2-8$(a)中 R_1 消耗的功率:
$$P_1 = I_1^2 R_1 = (I_1' + I_1'')^2 R_1 \neq I_1'^2 R_1 + I_1''^2 R_1$$

【例 2-5】 图 $1-2-9$(a)所示电路中,已知: $R_1 = R_2 = R_3 = 1\ \Omega$, $U_{S1} = 3\ \text{V}$, $U_{S2} = 1\ \text{V}$。

试用叠加原理计算各支路电流。

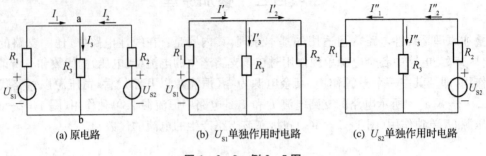

(a) 原电路   (b) U_{S1}单独作用时电路   (c) U_{S2}单独作用时电路

图 1-2-9   例 2-5 图

【解】：(1) 求各电源单独作用时各支路电流分量。

当 U_{S1} 单独作用时，如图 1-2-9(b)所示。

$$I_1' = \frac{U_{S1}}{R_1 + R_2 /\!/ R_3} = \frac{3}{1 + \frac{1}{2}} \text{A} = 2 \text{ A}$$

$$I_2' = \frac{R_3}{R_2 + R_3} I_1' = \frac{1}{2} \times 2 \text{ A} = 1 \text{ A}$$

$$I_3' = \frac{R_2}{R_2 + R_3} I_1' = \frac{1}{2} \times 2 \text{ A} = 1 \text{ A}$$

当 U_{S2} 单独作用时，如图 1-2-9(c)所示。

$$I_2'' = \frac{U_{S2}}{R_2 + R_1 /\!/ R_3} = \frac{1}{1 + \frac{1}{2}} \text{A} = \frac{2}{3} \text{ A}$$

$$I_1'' = \frac{R_3}{R_1 + R_3} I_2'' = \frac{1}{2} \times \frac{2}{3} \text{ A} = \frac{1}{3} \text{ A}$$

$$I_3'' = \frac{R_1}{R_1 + R_3} I_2'' = \frac{1}{2} \times \frac{2}{3} \text{ A} = \frac{1}{3} \text{ A}$$

(2) 叠加可得

$$I_1 = I_1' - I_1'' = \left(2 - \frac{1}{3}\right)\text{A} = \frac{5}{3} \text{ A}$$

$$I_2 = I_2'' - I_2' = \left(\frac{2}{3} - 1\right)\text{A} = -\frac{1}{3} \text{ A}$$

$$I_3 = I_3' + I_3'' = \left(1 + \frac{1}{3}\right)\text{A} = \frac{4}{3} \text{ A}$$

*项目四   戴维南定理

任何一个线性含源二端网络 N，如图 1-2-10(a)所示，就其两个端点 a,b 而言，总可以用

一个恒压源 U_S 和一个内阻 R_0 串联电路来等效代替,如图 $1-2-10(b)$ 所示。其中恒压源的电压 U_S 等于该二端网络的开路电压 U_0(图 $1-2-10(c)$);内阻 R_0 等于该有源二端网络中所有的电源皆为零值时,所得无源二端网络 N_0(如图 $1-2-10(d)$ 所示)的等效电阻 R_{ab},这就是戴维南定理。

戴维南定理常用于求电路中某一支路的电流(或电压)。

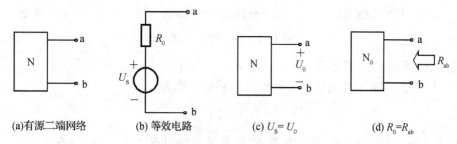

(a)有源二端网络　　　　(b) 等效电路　　　　(c) $U_S=U_0$　　　　(d) $R_0=R_{ab}$

图 $1-2-10$　戴维南定理

【例 $2-6$】　图 $1-2-11(a)$ 所示电路中,已知 $R_1=R_2=R_3=R_4=1\ \Omega$, $I_{S1}=2\ A$, $U_{S2}=1\ V$。求通过 R_4 支路的电流 I。

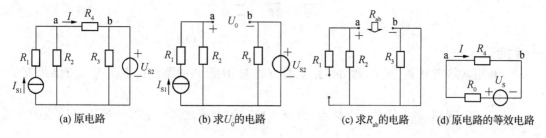

(a)原电路　　　　(b) 求 U_0 的电路　　　　(c) 求 R_{ab} 的电路　　　　(d) 原电路的等效电路

图 $1-2-11$　例 $2-6$ 图

【**解**】:(1) 断开所求支路,求含源二端网络的开路电压 U_0(图 $1-2-11(b)$)。

$$U_0 = I_{S1}R_2 - U_{S2} = (2\times1-1)\ V = 1\ V$$

(2) 令图 $1-2-11(b)$ 中所有电源为零(恒压源短路,恒流源开路),得无源二端网络如图 $1-2-11(c)$ 所示,求入端电阻 R_{ab}

$$R_{ab} = R_2 = 1\ \Omega$$

(3) 做出图 $1-2-11(b)$ 中所示含源二端网络的戴维南等效电路,U_S 极性应与 U_0 一致(a 端为高电位端,b 端为低电位端),接上被断开支路(如图 $1-2-11(d)$ 所示)求支路电流 I。

$$U_S = U_0 = 1\ V$$
$$R_0 = R_{ab} = 1\ \Omega$$

则

$$I = \frac{U_S}{R_0+R_4} = \frac{1}{1+1}\ A = 0.5\ A$$

由本例可见,与恒流源串联的电阻 R_1 和与恒压源并联的电阻 R_3,对计算 I 并无影响。

【例2-7】 求图 $1-2-12$ (a)、(b)所示电路的等效电路。

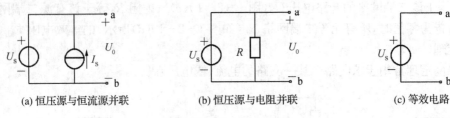

(a) 恒压源与恒流源并联　　　(b) 恒压源与电阻并联　　　(c) 等效电路

图 $1-2-12$　　例 $2-7$ 图

【解】：根据戴维南定理可得

图 $1-2-12$ (a)和(b)中有源二端网络的开路电压均为

$$U_0 = U_s$$

令上述含源二端网络中电源均为零,求得其等效电阻 $R_0 = R_{ab} = 0$,故图 $1-2-12$ (a)和(b)的等效电路如图 $1-2-12$ (c)所示。可见,恒压源与恒流源(或电阻)并联,可等效为恒压源。

习　题　二

一、判断题

1. 利用基尔霍夫第二定律列出回路电源方程时,所设的回路绕行方向与计算结果有关。（　　）

2. 任一时刻,电路中任意一个结点上,流入结点的电流之和一定等于流出该结点的电流之和。（　　）

3. 基尔霍夫电流定律可表述为：电路的任一结点,任一时刻流入该结点的所有支路电流的代数和恒等于零。（　　）

4. 基尔霍夫电压定律可表述为：电路中任一时刻,沿任一回路绕行方向,回路中所有各段电压的代数和恒等于零。（　　）

5. 在任一时刻流入(或流出)任一闭合曲面的所有电流的代数和也恒等于零。（　　）

二、选择题

1. 如图 $1-2-13$ 所示, $I_1 = 1\,\text{A}$, $I_2 = 6\,\text{A}$, $I_3 = 10\,\text{A}$,则 $I_4 = ($　　$)\text{A}$。

　　A. 1 A　　　　　　　　　　　　B. 3 A

　　C. 6 A　　　　　　　　　　　　D. 17 A

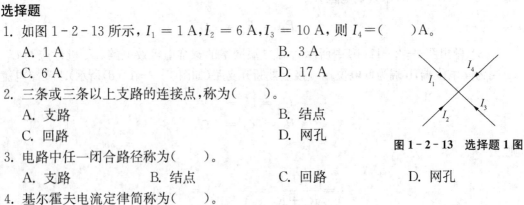

图 $1-2-13$　选择题 1 图

2. 三条或三条以上支路的连接点,称为(　　)。

　　A. 支路　　　　　　　　　　　　B. 结点

　　C. 回路　　　　　　　　　　　　D. 网孔

3. 电路中任一闭合路径称为(　　)。

　　A. 支路　　　　B. 结点　　　　C. 回路　　　　D. 网孔

4. 基尔霍夫电流定律简称为(　　)。

　　A. KIL　　　　B. KAL　　　　C. KCL　　　　D. KVL

5. 基尔霍夫电压定律简称为(　　)。

    A. KIL   B. KAL   C. KCL   D. KVL

三、计算题

1. 图 $1-2-14$ 中已知 $i_1=11\text{ mA}$，$i_4=12\text{ mA}$，$i_5=6\text{ mA}$。试求 i_2、i_3、i_6。

2. 电路如图 $1-2-15$ 所示，求 U_1、U_2、U_3。

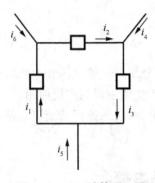

图 $1-2-14$　计算题 1 图

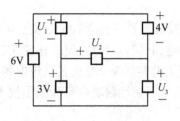

图 $1-2-15$　计算题 2 图

3. 图 $1-2-16$ 所示电路中，已知 $U_{S1}=12\text{ V}$，$U_{S2}=15\text{ V}$，$R_1=3\ \Omega$，$R_2=1.5\ \Omega$，$R_3=9\ \Omega$。试用支路电流法求各支路的电流。

4. 图 $1-2-17$ 所示电路中，已知 $U_S=120\text{ V}$，$I_S=5\text{ A}$，$R_1=R_3=3\ \Omega$，$R_2=12\ \Omega$。试用叠加原理求各支路电流。

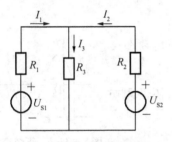

图 $1-2-16$　计算题 3 图

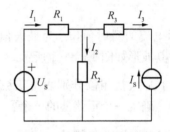

图 $1-2-17$　计算题 4 图

5. 图 $1-2-18$ 电路中，已知 $U_S=12\text{ V}$，$R_1=3\ \Omega$，$R_2=6\ \Omega$，$R_3=1\ \Omega$，$R_4=2\ \Omega$，$I_S=1.5\text{ A}$。试用戴维南定理求图中的电流 I。

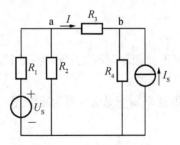

图 $1-2-18$　计算题 5 图

模块三　正弦交流电路

正弦交流电路是指含有正弦交流电源而且电路中各部分所产生的电压和电流均按正弦规律变化的电路,简称交流电路。正弦交流电在工农业生产和生活中得到广泛应用。

本模块内容首先介绍正弦交流电的基本概念、基本理论,然后讨论正弦交流电路的基本分析方法,为学习后续模块内容和电子技术部分打基础。

项目一　正弦交流电的基本概念

大小和方向随时间做周期性变化且在一个周期内的平均值为零的电压、电流和电动势统称为交流电。日常所用的交流电源(含信号源)其电压、电流和电动势一般都是随时间按正弦规律变化的,故称之为正弦交流电源或正弦交流信号,统称正弦量。正弦量可用三角函数式表示。例如,正弦交流电流可表示为

$$i = I_\mathrm{m}\sin(\omega t + \psi)$$

式中,i 表示电流的瞬时值,I_m 为最大值(幅值);ω 为角频率;ψ 为初相位。其波形如图 1-3-1 所示。

幅值、角频率、初相位分别表征正弦变化的大小、快慢和初始值。它们是确定一个正弦量的三个要素。

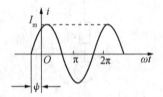

图 1-3-1　正弦交流电波形图

1. 周期、频率和角频率

正弦量变化一周所需的时间称为周期,用 T 表示,单位为秒(s)。每秒变化的次数称为频率,用 f 表示,单位为赫兹(Hz)。周期和频率互为倒数,即

$$f = \frac{1}{T}$$

我国和世界上很多国家电网工业频率(简称工频)为 50 Hz,而美国、日本等国家的工频为 60 Hz。

正弦量变化的快慢还可用角频率 ω 来表示,因为正弦量一周期内经历弧度为 2π,所以其角频率为

$$\omega = \frac{2\pi}{T} = 2\pi f$$

它的单位为弧度每秒(rad/s)。

2. 最大值与有效值

正弦量在任一瞬间的值称为瞬时值,用小写字母表示,如 i、u、e 分别表示电流、电压和电动势的瞬时值。瞬时值中最大的值称为最大值(或幅值),用带下标 m 的大写字母表示,如 I_m、U_m 和 E_m 分别表示电流、电压和电动势的最大值。

通常计量交流电大小的既不是瞬时值,也不是最大值,而是用交流电的有效值。其定义为:如果某一个周期交流电流 i 通过电阻 R 在一个周期 T 内产生的热量和另一个直流电流 I 通过同样大小的电阻在相等的时间内产生的热量相等,则把这一直流电流 I 的值定义为该交流电流 i 的有效值。

故交流电的有效值为

$$I = \frac{I_m}{\sqrt{2}}$$

同理,对于正弦电压和电动势,有

$$U = \frac{U_m}{\sqrt{2}}$$

$$E = \frac{E_m}{\sqrt{2}}$$

由上式可见,正弦量的最大值是有效值的 $\sqrt{2}$ 倍,式中 I、U 和 E 分别表示电流、电压和电动势的有效值。

通常所说的交流电压和电流的大小,例如,交流电压 220 V 和 380 V,以及一般交流测量仪表所指示的电压、电流的数值都是指的有效值。

3. 初相位

正弦量在不同时刻 t 由于具有不同的 $(\omega t + \psi)$ 值,正弦量也就变化到不同的数值,所以 $(\omega t + \psi)$ 反映出正弦量变化的进程,称为正弦量的相位角,简称相位。

$t=0$ 时的相位称为初相位。显然,初相位与所选时间的起点有关。原则上,计时的起点是可以任选的。但同一个电路中所有的电流、电压和电动势只能有一个共同的计时起点。初相位决定了 $t=0$ 时正弦量的大小和正负。

在同一线性正弦交流电路中,电压、电流与电源的频率是相同的,但初相位不一定相同。

两个同频率的正弦量的相位之差称为相位差,用 φ 表示,如图 1-3-2 所示。

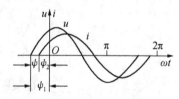

图 1-3-2　u 和 i 的相位差

$$u = U_m\sin(\omega t + \psi_1)$$
$$i = I_m\sin(\omega t + \psi_2)$$

它们的相位差

$$\varphi = (\omega t + \psi_1) - (\omega t + \psi_2) = \psi_1 - \psi_2$$

　　可见,同频率正弦量的相位差也就是初相位之差。

　　当两个同频率的正弦量的计时起点($t=0$)改变时,它们的相位和初相位也随之改变,但两者之间的相位差保持不变。

　　由图1-3-2可见,由于$\psi_1>\psi_2$,$\varphi=\psi_1-\psi_2>0$,所以,u较i先到达正的最大值(或零值),这时称在相位上u比i超前φ角,或称i比u滞后φ角;若$\varphi<0$,则正好相反。若$\varphi=0$,即$\psi_1=\psi_2$,则称u和i相位相同,或称u与i同相,如图1-3-3(a)所示。

　　若$\varphi=\pm\pi$,则称u与i相位相反,或称u与i反相,如图1-3-3(b)所示。

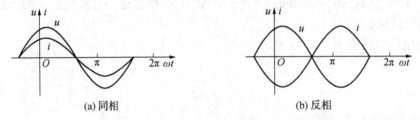

(a) 同相　　　　　　　　　　　(b) 反相

图1-3-3　同频率正弦量的同相与反相

项目二　正弦量的相量表示法

　　如前面所述,正弦量有幅值、频率及初相位三个要素,可用三角函数式和波形图表示一个正弦量。在交流电路的分析和计算中,常需将频率相同的正弦量进行加减等运算,若采用三角运算和波形图法都不够方便。因此,正弦交流电常用相量表示,以便将三角运算简化成复数形式的代数运算。

　　在图1-3-4(a)所示的复平面中,有一个长度为r,与实轴正方向夹角(初始角)为ψ,角速度为ω,逆时针方向旋转的矢量A,任一瞬间在虚轴上的投影为$r\sin(\omega t+\psi)$,波形如图1-3-4(b)所示。正好与正弦交流电的波形图相同。因而,如果用一个旋转矢量来表示正弦量,就是用矢量的长度、旋转角速度和初始角分别代表正弦量的最大值、角频率和初相位,那么同频率正弦量之间的三角运算可以简化为复平面中的矢量运算。

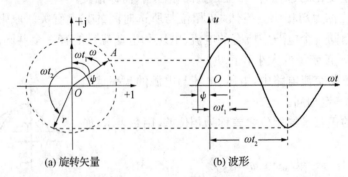

(a) 旋转矢量　　　　　　　　　(b) 波形

图1-3-4　复平面的旋转矢量

　　由于同频率的正弦量用旋转矢量表示时,它们旋转角速度相等,任一瞬间它们的相对位置不变。为简化运算,可以将它们固定在初始位置,用复平面中处于起始位置的固定矢量来表示一个正弦量,如图1-3-5所示,由于正弦交流电不是矢量,故称该表示正弦量的固定矢量为相量,并用大写字母上面加"·"的方式表示。如果相量长度等于最大值则称为最大值相量,符号为 $\dot{U}_m$、$\dot{I}_m$、$\dot{E}_m$,如图 1-3-6 所示,该图又称为相量图。

由于正弦量的大小通常是用有效值表示的,且 $I=\dfrac{I_m}{\sqrt{2}}$。故正弦量也可用复平面中长度等于正弦量的有效值,初始角等于正弦量的初相位的固定矢量来表示,并称之为有效值相量,用 $\dot{U}$、$\dot{I}$、$\dot{E}$ 表示,如图 1-3-6 表示。

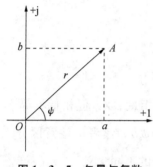

图 1-3-5　矢量与复数

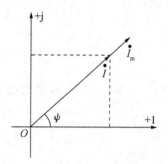

图 1-3-6　相量图

复平面中的任一矢量都可以用复数来表示,因而相量也可以用复数来表示。如图 1-3-5 所示复平面上的矢量 A,长度为 r,与实轴正方向的夹角为 ψ,在实轴上的投影为 a,在虚轴上的投影为 b,可表示为

$$A = a + jb \qquad\qquad （代数式）$$
$$= r\angle\psi \qquad\qquad （极坐标式）$$
$$= re^{j\psi} \qquad\qquad （指数式）$$
$$= r\cos\psi + jr\sin\psi \qquad\qquad （三角函数式）$$

它们之间关系为

$$r = \sqrt{a^2 + b^2}, \psi = \arctan\frac{b}{a},$$
$$a = r\cos\psi, b = r\sin\psi。$$

利用这些关系可在四种表达式中进行转换。一般来说,复数的加减运算用代数式,其实部与实部相加减,虚部与虚部相加减;乘除运算常用极坐标式,两复数的模相乘除,辐角相加减。

其中 $j=\sqrt{-1}$ 是虚数的单位,其极坐标式为

$$j = 1\angle 90°$$

同理 $-j = 1\angle -90°$

在复数运算中当一个复数乘上 j 时,其模不变,辐角增大 90°,而当一个复数除以 j(或乘 $-j$)时,其模不变,辐角减少 90°。相量的复数表达式即为正弦量的相量表示式。

据此,两个同频率的正弦量

$$i = 5\sqrt{2}\sin(314t + 30°) \text{ A}$$

$$u = 50\sqrt{2}\sin(314t + 45°) \text{ V}$$

用最大值相量表示为

$$\dot{I}_m = 5\sqrt{2}\angle 30° \text{ A}$$

$$\dot{U}_m = 50\sqrt{2}\angle 45° \text{ V}$$

有效值相量表示为

$$\dot{I} = 5\angle 30° \text{ A}$$

$$\dot{U} = 50\angle 45° \text{ V}$$

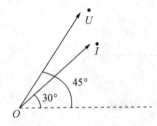

图 1-3-7　i 与 u 的相量图

其相量图如图 1-3-7 所示

必须指出,正弦量可以用相量表示,但相量不等于正弦量。例如,$\dot{U}_m = U\angle \psi_u \neq U_m\sin(\omega t + \psi_u)$。读者应注意区分 i、I_m、I、$\dot{I}_m$、$\dot{I}$(或 u、U_m、U、$\dot{U}_m$、$\dot{U}$)五种符号的不同含义。

【例 3-1】　已知 $i_1 = 6\sqrt{2}\sin\omega t$ A,$i_2 = 8\sqrt{2}\sin(\omega t + 90°)$A。求 $i = i_1 + i_2$。

【解】：由 $\dot{I}_1 = 6\angle 0°$A,$\dot{I}_2 = 8\angle 90°$A,

$$\dot{I} = \dot{I}_1 + \dot{I}_2 = (6\angle 0° + 8\angle 90°) \text{ A} = 10\angle 53.1° \text{ A}$$

所以　　　　　　　$i = i_1 + i_2 = 10\sqrt{2}\sin(\omega t + 53.1°) \text{ A}$

也可先画出相量图,如图 1-3-8 所示。根据平行四边形法则,由图可得

$$I = \sqrt{I_1^2 + I_2^2} = \sqrt{6^2 + 8^2} \text{ A} = 10 \text{ A}$$

$$\psi = \arctan\frac{8}{6} = 53.1°$$

$$i = 10\sqrt{2}\sin(\omega t + 53.1°) \text{ A}$$

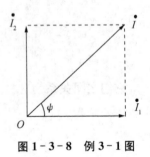

图 1-3-8　例 3-1 图

项目三　单一元件的正弦交流电路

电阻、电感和电容是组成电路的基本元件,本内容分别讨论正弦交流电路中电阻、电感和电容的电压与电流的关系及其相量模型和功率。

1. 纯电阻电路

(1) 电压与电流关系

图 1-3-9(a)所示电阻电路中,为了方便起见,以 $\dot{I}$ 为参考相量

$$i = I_m \sin \omega t$$

根据

$$u = Ri = RI_m \sin \omega t = U_m \sin \omega t$$

可见 u 与 i 不但是同频率的正弦量，而且 u、i 同相，其波形如图 $1-3-9$(b)所示。

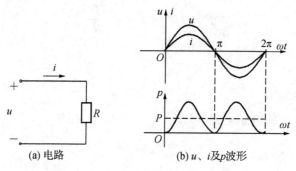

(a) 电路　　　　　　(b) u、i 及 p 波形

图 1-3-9　电阻电路及其 u、i、p 波形

电阻的电压与电流之间的关系

① 大小关系。
$$U_m = RI_m$$
$$U = RI$$

② 相位关系。
$$\psi_u = \psi_i$$

③ 相量关系。
$$\dot{I} = I\angle 0°$$
$$\dot{U} = U\angle 0° = RI\angle 0°$$

即
$$\dot{U} = R\dot{I}$$

其相量图如图 $1-3-10$(a)所示，图 $1-3-10$(b)称为电阻的相量模型。

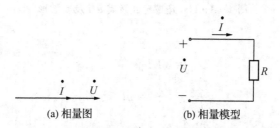

(a) 相量图　　　　　　(b) 相量模型

图 1-3-10　电阻的电压、电流相量图和相量模型

（2）功率

① 瞬时功率。

$$p = ui = U_m I_m \sin^2 \omega t = U_m I_m (1 - \cos^2 \omega t)$$
$$= \frac{UI}{2}(1 - \cos^2 \omega t)$$

其波形曲线如图 $1-3-9$(b)所示。可见 p 总为正值，电阻总是吸收能量，将电能转换为热能，

所以电阻是耗能元件。

② 平均功率。

电路在一个周期内消耗电能的平均值,即瞬时功率在一个周期内的平均值,称为平均功率,又称有功功率,用大写字母 P 表示,即

电阻元件的平均功率

$$P = UI = I^2R = \frac{U^2}{R}$$

2. 纯电感电路

(1) 电压与电流关系

图 1-3-11(a)所示的电感电路中,设

$$i = I_m \sin \omega t$$

式

$$u = \omega L I_m \cos \omega t = \omega L I_m \sin(\omega t + 90°) = U_m \sin(\omega t + 90°)$$

可见其 u 与 i 是同频率的正弦量,且 u 比 i 超前 $90°$,其波形如图 1-3-11(b)所示。

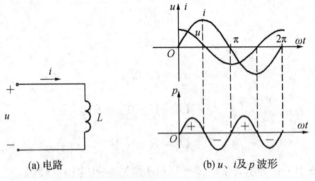

(a) 电路   (b) u、i 及 p 波形

图 1-3-11　电感电路及其 u、i 及 p 波形

① 大小关系。

$$U_m = \omega L I_m$$

$$\frac{U_m}{I_m} = \frac{U}{I} = \omega L = X_L$$

式中 X_L 为电压有效值与电流有效值之比称为感抗。由

$$X_L = \omega L = 2\pi f L$$

可见电感对交流电流有阻碍作用,频率越高,则感抗越大,其阻碍作用越强。在直流电路中 $f=0$,$X_L=0$,电感可视为短路。

感抗 X_L 的倒数又称为感纳 B_L,即

$$B_L = \frac{1}{X_L} = \frac{1}{\omega L}$$

② 相位关系。

$$\psi_u = \psi_i + 90°$$

③ 相量关系。

由　$\dot{I} = I \angle 0°$

得　$\dot{U} = U \angle 90° = \omega LI \angle (0° + 90°) = \omega LI \angle 0° \cdot 1 \angle 90° = j\omega L \dot{I}$

即　$\dfrac{\dot{U}}{\dot{I}} = j\omega L = jX_L$

或　$\dfrac{\dot{I}}{\dot{U}} = \dfrac{1}{j\omega L} = -jB_L$

电感的电压与电流的相量图如图 $1-3-12$(a)所示,图 $1-3-12$(b)为电感的相量模型。

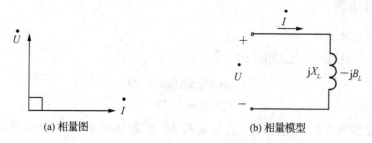

（a）相量图　　　　　（b）相量模型

图 $1-3-12$　电感的电压、电流相量图和相量模型

（2）功率

① 瞬时功率。

$$p = ui = U_m \sin(\omega t + 90°) \cdot I_m \sin \omega t$$
$$= U_m I_m \sin \omega t \cos \omega t = \frac{1}{2} U_m I_m \sin 2\omega t$$
$$= UI \sin 2\omega t$$

② 平均功率。

$$P = 0$$

可见电感元件不消耗能量,只与电源交换能量。电感元件是储能元件。

③ 无功功率。

为了衡量电感元件与电源交换能量的规模大小,将瞬时功率的最大值定义为无功功率 Q。

即　$Q = UI = I^2 X_L = \dfrac{U^2}{X_L}$

为了与有功功率区别,其单位为乏（var）或千乏（kvar）。

【例 $3-2$】 图 $1-3-11$(a)电路中,已知 $u = 200\sqrt{2}\sin(\omega t + 60°)\text{V}, L = 0.318\ \text{H}$。求:（1）$f = 50\ \text{Hz}$ 时,电流 i 和无功功率 Q;（2）$f = 500\ \text{Hz}$ 时,电流 i。

【解】：(1) $f = 50$ Hz 时，

$$X_L = \omega L = 2\pi f L = 2 \times 3.14 \times 50 \times 0.318 \ \Omega = 100 \ \Omega$$

$$\dot{I} = \frac{\dot{U}}{\mathrm{j}X_L} = \frac{200\angle 60°}{\mathrm{j}100} \ \mathrm{A} = 2\angle -30° \ \mathrm{A}$$

$$i = 2\sqrt{2}\sin(314t - 30°) \ \mathrm{A}$$

$$Q = UI = 200 \times 2 \ \mathrm{var} = 400 \ \mathrm{var}$$

(2) $f = 500$ Hz 时，

$$X_L = 2\pi f L = 1\,000 \ \Omega$$

$$\dot{I} = \frac{\dot{U}}{\mathrm{j}X_L} = \frac{200\angle 60°}{\mathrm{j}1\,000} \ \mathrm{A} = 0.2\angle -30° \ \mathrm{A}$$

$$i = 0.2\sqrt{2}\sin(3\,140t - 30°) \ \mathrm{A}$$

3. 纯电容电路

(1) 电压与电流关系

图 1-3-12(a)所示的电容电路中，设

$$i = \omega C U_{\mathrm{m}}\sin(\omega t + 90°)$$
$$= I_{\mathrm{m}}\sin(\omega t + 90°)$$

可见其 u 与 i 是同频率的正弦量，且 i 比 u 超前 $90°$，波形如图 1-3-12(b)所示。

① 大小关系。

$$I_{\mathrm{m}} = \omega C U_{\mathrm{m}}$$

$$\frac{I_{\mathrm{m}}}{U_{\mathrm{m}}} = \frac{I}{U} = \omega C = B_C$$

或

$$\frac{U}{I} = \frac{1}{\omega C} = X_C$$

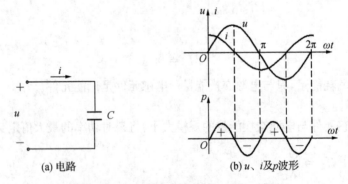

(a) 电路　　　　(b) u、i 及 p 波形

图 1-3-12　电容电路及其 u、i 及 p 波形

式中，X_C 为电压与电流有效值之比称为容抗。由

$$X_C = \frac{1}{\omega C} = \frac{1}{2\pi f C}$$

可见电容对交流电流有阻碍作用,频率越低,则容抗越大,其阻碍作用就越强。在直流电路中 $f=0$, $X_C=\infty$, 电容可视为开路。

② 相位关系。

$$\psi_i = \psi_u + 90°$$

③ 相量关系。

由　　$\dot{U} = U\angle 0°$

故　　$\dot{I} = I\angle 90° = \omega CU\angle(0°+90°) = \omega CU\angle 0° \cdot 1\angle 90° = j\omega C\dot{U}$

即　　$\dfrac{\dot{I}}{\dot{U}} = j\omega C$

或　　$\dfrac{\dot{U}}{\dot{I}} = \dfrac{1}{j\omega C} = -jX_C$

电容的电压与电流相量图如图 1-3-13(a)所示,图 1-3-13(b)为电容的相量模型。

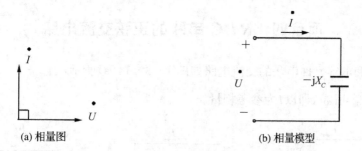

(a) 相量图　　　　　　　　　　(b) 相量模型

图 1-3-13　电容的电压、电流相量图和相量模型

(2) 功率

① 瞬时功率。

$$\begin{aligned}
p = ui &= U_m\sin\omega t \cdot I_m\sin(\omega t + 90°) \\
&= U_m I_m\sin\omega t \cos\omega t \\
&= \frac{1}{2}U_m I_m\sin 2\omega t \\
&= UI\sin 2\omega t
\end{aligned}$$

② 平均功率。

$$P = 0$$

可见电容元件不消耗能量,只与电源交换能量。电容元件是储能元件。

③ 无功功率。

为了同电感元件电路的无功功率相比较,也设 $i = I_m\sin\omega t$。

则
$$u = U_m \sin(\omega t - 90°)$$

于是
$$p = ui = -UI \sin 2\omega t$$

由此可得电容的无功功率

$$Q = -UI = -I^2 X_C = -\frac{U^2}{X_C} = -U^2 B_C$$

即电容的无功功率取负值,以示区别。

【例 3 - 3】 图 1 - 3 - 12(a)所示电路中,以知 $u = 200\sqrt{2}\sin(314t + 30°)$ V, $C = 31.8\ \mu$F 求电流 i、无功功率 Q 和电容的最大储能 W_{Cm}。

【解】: $X_C = \dfrac{1}{\omega C} = \dfrac{1}{314 \times 31.8 \times 10^{-6}}\ \Omega = 100\ \Omega$

$$\dot{I} = \frac{\dot{U}}{X_C} = jX_C^{-1}\dot{U} = (10^{-2} - \angle 90° \times 200\angle 30°\ \text{A} = 2\angle 120°)\ \text{A}$$

$$i = 2\sqrt{2}\sin(314t + 120°)\ \text{A}$$

$$Q = -UI = -200 \times 2\ \text{var} = -400\ \text{var}$$

$$W_{Cm} = \frac{1}{2}CU_m^2 = \frac{1}{2} \times 31.8 \times 10^{-6} \times (200\sqrt{2})^2\ \text{J} = 1.27\ \text{J}$$

项目四　*RLC* 串联的正弦交流电路

电阻、电感和电容元件串联的交流电路如图 1 - 3 - 14(a)所示,图 1 - 3 - 14(b)是它的相量模型。设 $i = I_m \sin \omega t$,即以 $\dot{I}$ 为参考相量。

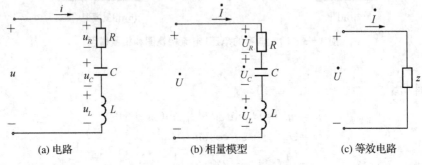

| (a) 电路 | (b) 相量模型 | (c) 等效电路 |

图 1 - 3 - 14　*RLC* 串联电路

1. 电压与电流关系

根据 KVL 有

$$u = u_R + u_L + u_C$$

用相量表示,则

$$\dot{U} = \dot{U}_R + \dot{U}_L + \dot{U}_C = R\dot{I} + jX_L\dot{I} - jX_C\dot{I}$$
$$= \dot{I}[R + j(X_L - X_C)] = \dot{I}(R + jX)$$
$$= \dot{I}Z$$

式中,$X = X_L - X_C$ 称为电抗;Z 则称为电路的等效阻抗,如图 1-3-14(c)所示。

$$Z = |Z| \angle\varphi = R + jX = R + j(X_L - X_C)$$

则

阻抗模 $\qquad |Z| = \sqrt{R^2 + X^2} = \sqrt{R^2 + (X_L - X_C)^2}$

阻抗角 $\qquad \varphi = \arctan\dfrac{X}{R} = \arctan\dfrac{X_L - X_C}{R}$

由上式可知,R、X 和 $|Z|$ 组成一直角三角形,称为阻抗三角形,如图 1-3-15 所示。
电压与电流的相量关系式

$$\dot{U} = \dot{I}Z$$

也称为相量形式的欧姆定律。

由于 $\qquad Z = \dfrac{\dot{U}}{\dot{I}}$

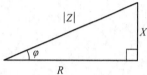

图 1-3-15 阻抗三角形

即 $\qquad |Z| \angle\varphi = \dfrac{U\angle\psi_u}{I\angle\psi_i} = \dfrac{U}{I}\angle(\psi_u - \psi_i)$

可得电压和电流之间的关系为

① 大小关系。 $\qquad |Z| = \dfrac{U}{I}$

② 相位关系。 $\qquad \varphi = \psi_u - \psi_i$

由上式可知阻抗角 φ 就是电压与电流间的相位差,其大小由电路参数决定。

当 $X > 0$(即 $X_L > X_C$)时,$\varphi > 0$,u 超前 i,电路呈电感性。

当 $X < 0$(即 $X_L < X_C$)时,$\varphi < 0$,u 滞后 i,电路呈电容性。

当 $X = 0$(即 $X_L = X_C$)时,$\varphi = 0$,u 与 i 同相,电路呈电阻性。

以电流为参考相量,根据纯电阻、电感和电容的电压与电流的相量关系以及总电压相量等于各部分电压相量之和,可画出电路中的电流和各部分电压的相量图如图 1-3-16 所示,图中各电压组成一个直角三角形,利用相量图也可得到电压与电流的关系。

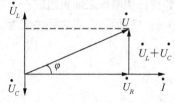

图 1-3-16 RLC 串联电路
的相量图

$$U = \sqrt{U_R^2 + (U_L - U_C)^2}$$
$$= I\sqrt{R^2 + (X_L - X_C)^2} = I|Z|$$
$$\varphi = \arctan\frac{U_L - U_C}{U} = \arctan\frac{X_L - X_C}{R}$$

2. 电路的功率

（1）瞬时功率

$$p = ui = U_m\sin(\omega t + \varphi)I_m\sin\omega t$$

$$= U_m I_m \frac{1}{2}\big[\cos\varphi - \cos(2\omega t + \varphi)\big]$$

$$= UI\big[\cos\varphi - \cos(2\omega t + \varphi)\big]$$

（2）有功功率

$$P = UI\cos\varphi$$

上式表明在交流电路中，有功功率的大小不仅取决于电压和电流的有效值，而且还和电压、电流间的相位差 φ（阻抗角）有关，即与电路的参数有关。式中，$\cos\varphi$ 称为电路的功率因数。

由相量图中的电压三角形可知

$$U\cos\varphi = U_R = IR$$

故

$$P = UI\cos\varphi = U_R I = I^2 R = \frac{U_R^2}{R}$$

这说明在交流电路中只有电阻元件消耗功率，电路中电阻元件消耗的功率就等于电路的有功功率。

（3）无功功率

电路中电感和电容元件要与电源交换能量，相应的无功功率为

$$Q = U_L I - U_C I = I(U_L - U_C) = UI\sin\varphi$$

（4）视在功率

交流电路中，电压有效值 U 与电流有效值 I 的乘积称为电路的视在功率，用 S 表示。

即

$$S = UI$$

视在功率的单位为伏安（V·A）或千伏安（kV·A）。

根据前面的分析，由于

$$P = UI\cos\varphi$$
$$Q = UI\sin\varphi$$
$$S = UI$$

可知有功功率 P、无功功率 Q 和视在功率 S 之间也组成一个直角三角形，称为功率三角形，如图 1-3-17 所示，三者之间关系为

$$S = \sqrt{P^2 + Q^2}$$
$$P = S\cos\varphi$$
$$Q = S\sin\varphi$$

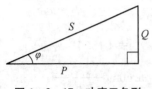

图 1-3-17　功率三角形

功率三角形、电压三角形和阻抗三角都是相似三角形。

【例 3 - 4】　如图 1 - 3 - 14(a)所示的 RLC 串联电路中,已知 $u=220\sqrt{2}\sin(314t+30°)$V, $R=30\ \Omega$, $L=127$ mH, $C=40\ \mu$F。求:(1)感抗 X_L,容抗 X_C;(2)电路中的电流 i 及各元件电压 U_R、U_L 和 U_C;(3)电路的有功功率 P、无功功率 Q 和视在功率 S。

【解】:该电路的相量模型如图 1 - 3 - 14(b)所示

(1) $X_L=\omega L=314\times 127\times 10^{-3}\ \Omega=40\ \Omega$

$$X_C=\frac{1}{\omega C}=\frac{1}{314\times 40\times 10^{-6}}\ \Omega=80\ \Omega$$

(2)电路的等效复阻抗

$$Z=R+\mathrm{j}(X_L-X_C)=[30+\mathrm{j}(40-80)]\ \Omega=(30-\mathrm{j}40)\ \Omega$$
$$=50\angle-53°\ \Omega\qquad(电容性)$$

$$\dot{I}=\frac{\dot{U}}{Z}=\frac{220\angle 30°}{50\angle-53°}\ \mathrm{A}=4.4\angle 83°\ \mathrm{A}$$

$$i=4.4\sqrt{2}\sin(314t+83°)\ \mathrm{A}$$

$$\dot{U}_R=R\dot{I}=314\times 4.4\angle 83°\ \mathrm{V}=132\angle 83°\ \mathrm{V}$$

$$u_R=132\sqrt{2}\sin(314t+83°)\ \mathrm{V}$$

$$\dot{U}_L=\mathrm{j}X_L\dot{I}=40\angle 90°\times 4.4\angle 83°\ \mathrm{V}=176\angle 173°\ \mathrm{V}$$

$$u_L=176\sqrt{2}\sin(314t+173°)\ \mathrm{V}$$

$$\dot{U}_C=-\mathrm{j}X_C\dot{I}=80\angle-90°\times 4.4\angle 83°\ \mathrm{V}=352\angle-7°\ \mathrm{V}$$

$$u_C=352\sqrt{2}\sin(314t-7°)\ \mathrm{V}$$

(3) $P=UI\cos\varphi=220\times 4.4\times\cos(-53°)\ \mathrm{W}=581\ \mathrm{W}$

$\qquad Q=UI\sin\varphi=220\times 4.4\times\sin(-53°)\ \mathrm{var}=-774\ \mathrm{var}$

$\qquad S=UI=220\times 4.4\ \mathrm{V\cdot A}=968\ \mathrm{V\cdot A}$

　　RLC 串联电路包含了三种性质不同的参数,是具有一定意义的典型电路。当电路中只有其中两种参数串联,分析时可视为 RLC 串联电路在 R、X_L、X_C 中某个参数等于零的特例。

*项目五　RLC 并联的正弦交流电路

　　电阻、电感和电容元件并联的交流电路如图 1 - 3 - 18(a)所示,图 1 - 3 - 18(b)是它的相量模型,设 $u=U_{\mathrm{m}}\sin\omega t$,即以 $\dot{U}$ 为参考相量。

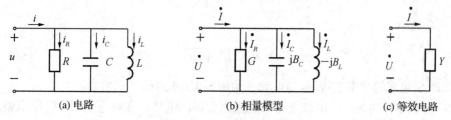

(a) 电路　　　　　　　(b) 相量模型　　　　　　(c) 等效电路

图 1 - 3 - 18　RLC 并联电路

1. 电压与电流关系

根据 KCL

$$i = i_R + i_C + i_L$$

用相量表示,则

$$\dot{I} = \dot{I}_R + \dot{I}_C + \dot{I}_L = \frac{\dot{U}}{R} + \frac{\dot{U}}{-\mathrm{j}X_C} + \frac{\dot{U}}{\mathrm{j}X_L}$$

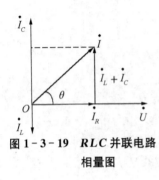

图 1-3-19　**RLC 并联电路**
　　　　　相量图

以电压为参考相量,根据纯电阻、电容和电感的电流与电压的相量关系,以及总电流相量等于各支路电流相量之和,可画出电路中电压和各电流的相量图,如图 1-3-19 所示。各电流组成一电流三角形。

利用相量图也可得电压与电流关系

$$I = \sqrt{I_R^2 + (I_C - I_L)^2}$$

$$\theta = \arctan \frac{I_C - I_L}{I_R}$$

2. 功率

用与 RLC 串联电路同样的方法可推得

(1) 瞬时功率

$$p = ui = UI[\cos\theta - \cos(2\omega t + \theta)]$$

(2) 有功功率

$$P = UI\cos\theta = UI\cos\varphi = UI_R = I_R^2 R$$

(3) 无功功率

当电容的无功功率定义为负值时

$$Q = -UI_C + UI_L = -U(I_C - I_L)$$
$$= -UI\sin\theta - UI\sin(-\theta)$$
$$= UI\sin\varphi$$

(4) 视在功率

$$S = \sqrt{P^2 + Q^2}$$

P、Q 和 S 组成的功率三角形,与电流三角形相似,亦为相似三角形。

RLC 并联电路与 RLC 串联电路又是互为对偶的电路。在熟悉了 RLC 串电路之后,利用对偶原理,就很容易掌握 RLC 并联电路。

* 项目六 功率因数的提高

通过前面的分析,已知交流电路的有功功率的大小不仅取决于电压和电流的有效值,而且还和电压、电流间的相位差 φ 有关。即

$$P = UI\cos\varphi$$

$\cos\varphi$ 为电路的功率因数,它与电路的参数有关。在纯电阻电路中,$\cos\varphi=1$;纯电感和纯电容的电路中,$\cos\varphi=0$;一般电路中,$0<\cos\varphi<1$。目前,在各种用电设备中,除白炽灯、电阻炉等少数电阻性负载外,大多属于电感性负载。例如,工农业生产中广泛使用的三相异步电动机和日常生活中大量使用的日光灯、电风扇等都属于电感性负载,而且它们的功率因数往往比较低。功率因数低,会引起下列两个问题。

1. 降低了供电设备的利用率

供电设备的额定容量 $S_N = U_N I_N$ 是一定的,其输出的有功功率为

$$P = U_N I_N\cos\varphi = S_N\cos\varphi$$

当 $\cos\varphi=1$ 时,$P=S_N$ 供电设备的利用率最高;一般 $\cos\varphi<1$,$P<S_N$;$\cos\varphi$ 越低,则输出的有功功率 P 越小,而无功功率 Q 越大,电源与负载交换能量的规模越大,供电设备所提供的能量就越不能充分利用。

2. 增加了供电设备和线路的功率的损耗

负载从电源取用的电流为

$$I = \frac{P}{U\cos\varphi}$$

在 P 和 U 一定的情况下,$\cos\varphi$ 越低,I 就越大,供电设备和输电线路的功率损耗就越大。因此,提高电路的功率因数就可以提高供电设备的利用率和减少供电设备和输电线路的功率损耗,具有非常重要的经济意义。

提高电路的功率因数的方法是在电感性负载两端并联电容器,如图 $1-3-20$(a)所示。以电压为参考相量,可画出其相量图如 $1-3-20$(b)所示。

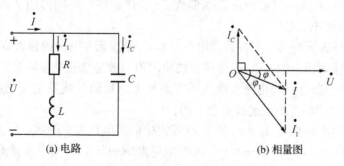

(a) 电路　　　　　　　(b) 相量图

图 $1-3-20$ 提高功率因数的方法

由图可知,并联电容前,电路的电流为电感性负载的电流$\dot{I_1}$,电路的功率因数为电感性负载的功率因数 $\cos\varphi_1$;并联电容后,电路的总电流$\dot{I}=\dot{I_1}+\dot{I_C}$。电路的功率因数变为 $\cos\varphi$。可见,并联电容器后,流过感性负载的电流及其功率因数没有变,而整个电路的功率因数 $\cos\varphi>\cos\varphi_1$,比并联电容前提高了;电路的总电流 $I<I_1$,比并联电容器前减少了。这是由于并联电容器后感性负载所需的无功功率大部分可由电容的无功功率补偿,减小了电源与负载之间的能量交换。但要注意,并联电容器后,电路的有功功率并未改变。根据相量图可得

$$I_C = I_1\sin\varphi_1 - I\sin\varphi = \frac{P}{U\cos\varphi_1}\sin\varphi_1 - \frac{P}{U\cos\varphi}\sin\varphi = \frac{P}{U}(\tan\varphi_1 - \tan\varphi)$$

又因为

$$I_C = UB_C = U\omega C$$

所以

$$C = \frac{P}{\omega U^2}(\tan\varphi_1 - \tan\varphi)$$

根据此公式可计算出将功率因数由 $\cos\varphi_1$ 提高到 $\cos\varphi$ 所需并联的电容器的容量。

目前我国有关部门规定,电力用户功率因数不得低于 0.9。但是,前面已经讨论过当 $\cos\varphi=1$ 时,电路发生谐振。在电力电路中,这是不允许的,通常单位用户应把功率因数提高到略小于 1。

【例 3 - 5】 有一电感性负载,接到 220 V、50 Hz 的交流电源上,消耗的有功功率为4.8 kW,功率因数为 0.5。试问并联多大的电容才能将电路的功率因数提高到 0.95 ?

【解】:据题意 $P=4.8$ kW,$U=220$ V,$f=50$ Hz,

未加电容时 $\cos\varphi_1=0.5,\varphi_1=\arccos 0.5=60°$;

并联电容后 $\cos\varphi=0.95,\varphi=\arccos 0.95=18.19°$.

$$C = \frac{P}{2\pi fU^2}(\tan\varphi_1 - \tan\varphi)$$
$$= \frac{4.8\times 10^3}{2\times 3.14\times 50\times 220^2}(\tan 60° - \tan 18.19°)\ \mu\text{F}$$
$$= 433\ \mu\text{F}$$

习　题　三

一、判断题

1. 交流电的方向、大小都随时间做周期性变化,并且在一周期内的平均值为零。这样的交流电就是正弦交流电。(　　)

2. 用交流电压表测得某一元件两端电压是 6 V,则该元件电压的最大值为 6 V。(　　)

3. 电器设备铭牌标示的参数、交流仪表的指示值一般是指正弦量的最大值。(　　)

4. 鉴于正弦交流电路中,电流与电压的方向和大小是随时间发生变化的,因此在交流电路中引入电流、电压的参考方向是没有意义的。(　　)

5. 对于纯电阻电路来说,$i_R = u_R/R$ 的欧姆定律形式也是成立的。(　　)

6. 已知 $u_R=100\sin(100\pi t+\pi/2)$V,纯电阻电路 $R=100\ \Omega$,则电流的有效值 $I_R=10$ A。(　　)

7. 电感线圈在交流电路中不消耗有功功率,它是储存磁能的电路元件,只是与电源之间进行能量交换。(　　)

8. 从感抗计算公式 $X_L = 2\pi f L$ 可知,电感器的作用是通直流阻交流。(　　)

9. 为了描述电感元件与电源进行能量交换的最大速率,定义无功功率 $Q_L = I_L U_L$,其单位仍采用 W。(　　)

10. 两个同频率的正弦交流电 i_1 和 i_2,它们同时达到零值,并且同时达到峰值,则这两个交流电的相位差必是零。(　　)

11. 如果一个线圈的电阻的作用可以小到忽略不计,则能够把这种线圈作为纯电感电路来研究。

12. 电路如图 1-3-21 所示,若 $U = 8$ V,则可知 $U_L = 0$ V,$U_C = 8$ V。(　　)

13. 电感元件电压相位超前于电流 90°,所以电路中总是先有电压、后有电流。(　　)

14. 功率因数就是指电路中总电压与总电流之间的相位差。(　　)

15. 电感性负载并联电容后,总电流一定比原来电流小,因而电网功率因数一定会提高。(　　)

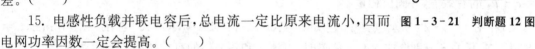

图 1-3-21　判断题 12 图

二、选择题

1. 如图 1-3-22 所示波形的周期和频率分别是(　　)

　　A. 10 ms、100 Hz

　　B. 20 ms、50 Hz

　　C. 5 ms、200 Hz

　　D. 40 ms、25 Hz

图 1-3-22　选择题 1 图

2. 某一白炽灯上写着额定电压 220 V,这是指(　　)。

　　A. 最大值　　　　　　　　　　　B. 瞬时值

　　C. 有效值　　　　　　　　　　　D. 平均值

3. 若 $i_1 = 10\sin(\omega t + 30°)$ A,$i_2 = 20\sin(\omega t - 10°)$ A,则 i_1 的相位比 i_2 超前(　　)。

　　A. 20°　　　　　　B. -20°　　　　　　C. 40°　　　　　　D. -40°

4. 两个同频率正弦交流 i_1、i_2 的有效值各为 40 A 和 30 A。当 $i_1 + i_2$ 的有效值为 70 A 时,i_1 与 i_2 的相位差是(　　)。

　　A. 0°　　　　　　B. 180°　　　　　　C. 90°　　　　　　D. 270°

5. 常用电容器上标有电容量和耐压值。使用时可根据加在电容器两端电压的(　　)值来选取电容器。

　　A. 有效值　　　　B. 平均值　　　　C. 最大值　　　　D. 瞬时值

6. 提高功率因数的目的是(　　)。

　　A. 节约用电,增加电动机的输出功率　　　B. 提高电动机效率

　　C. 增大无功功率,减少电源的利用率　　　D. 减少无功功率,提高电源的利用率

7. 在感性负载电路中,提高功率因数最有效、最合理的方法是(　　)。

　　A. 串联阻性负载　　　　　　　　　　　B. 并联适当的电容

C. 并联电感性负载   D. 串联纯电感

8. 荧光灯所耗的电功率 $P=UI\cos\varphi$,并联适当电容器后,使电路的功率因数提高,则荧光灯消耗的电功率将(   )。

    A. 增大   B. 减小   C. 不变   D. 不能确定

9. 发生 RLC 串联谐振的条件是(   )。

    A. $wL=wC$ B. $L=C$ C. $wL=\dfrac{1}{wC}$ D. $R=LC$

10. 已知 RLC 串联电路端电压 $U=20$ V,各元件两端电压 $U_R=12$ V,$U_L=16$ V,$U_C=($)。

    A. 4 V   B. 32 V   C. 12 V   D. 28 V

三、计算题

1. 已知 $u=10\sqrt{2}\sin(314t+45°)$ V,$i=2\sqrt{2}\sin(314t-30°)$ A,试写出其相量表达式并画出相量图。

2. 正弦电压 u_1 和 u_2 的有效值分别为 $U_1=100$ V,$U_2=60$ V,且 u_1 超前 u_2 $60°$,求总电压 $u=u_1+u_2$ 的有效值,并画出相量图。

3. 在图 1-3-23 所示电路中,已知 $u=100\sqrt{2}\sin 314t$ V,$R=100$ Ω,$L=31.8$ mH,$C=318$ μF。求开关 S 分别合向 a、b、c 位置时,电流 I 和各元件的有功功率和无功功率。

4. 在图 1-3-24 所示电路中,已知 $u=5\sqrt{2}\sin(100t+83°)$ V,$i=\sqrt{2}\sin(100t+30°)$ A。求电路中的 R、L 和电路的 P、Q 和 S。

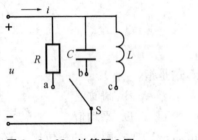   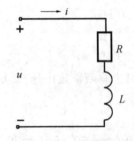

图 1-3-23 计算题 3 图   图 1-3-24 计算题 4 图

5. 在 RLC 串联电路中,已知 $R=50$ Ω,$L=0.8$ H,$C=10$ μF,电源端电压 $u=220\sqrt{2}\sin(314t+30°)$ V。试求电路中电流 $\dot{I}$ 和电压 $\dot{U}_R$、$\dot{U}_L$ 和 $\dot{U}_C$,并画出相量图。

6. 在 RLC 串联电路中,已知 $R=4$ Ω,$X_L=10$ Ω,$X_C=7$ Ω,$\dot{U}=220\angle15°$ V。试求电流 $\dot{I}$ 以及电路的 P、Q、S 和功率因数 $\cos\varphi$。

7. 已知一感性负载的额定电压为 220 V,额定频率为 50 Hz,额定电流为 30 A,$\cos\varphi_1=0.5$,欲把电路的功率因数提高到 0.9,应并联电容的电容量为多少?

8. 某电动机接在 220 V 的交流电源上,通过电动机的电流为 11 A,其输入功率为 1.21 kW,若要将电动机的功率因数提高到 0.91,则电动机应并联多大的电容?

模块四　三相电路

目前世界上交流电所采用的供电方式绝大多数是三相制。作为生产用电中最主要的负载,交流电动机大多数是三相交流电动机。本模块内容将主要介绍三相对称正弦交流电源的产生、联接和电能的输送方式,以及三相负载的联接和特点。

项目一　三相交流电源

三相正弦交流电是由三相交流发电机产生的,图1-4-1是三相交流发电机的原理图。定子铁芯的内圆周表面有冲槽,用来放置三相定子(电枢)绕组。每个绕组都是相同的,它们的始端标为 A、B、C,末端标为 X、Y、Z。每个绕组的两边放在相应的定子铁芯的槽内,三个绕组的始端之间彼此相隔120°。磁极是转子,可以转动。当转子在原动机的带动下,以均匀速度按顺时针方向转动时,则每相定子绕组依次切割磁力线。定子绕组中产生频率相同,幅值相等的正弦电动势 e_A、e_B 及 e_C。三个电动势的参考方向由定子绕组的末端指向始端。

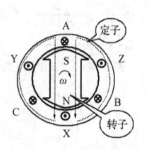

图1-4-1　三相交流发电机的原理图

假定三相发电机的初始位置如图1-4-1所示,产生的电动势幅值为 E_m,频率为 ω,E 是有效值。如果以 A 相为参考,则可得出

$$e_A = E_m \sin \omega t \text{ V}$$
$$e_B = E_m \sin(\omega t - 120°) \text{ V}$$
$$e_C = E_m \sin(\omega t + 120°) \text{ V}$$

用相量可表示为

$$\dot{E}_A = E \angle 0° \text{ V}$$
$$\dot{E}_B = E \angle -120° \text{ V}$$
$$\dot{E}_C = E \angle 120° \text{ V}$$

其对应的正弦波形和相量图如图1-4-2所示。

如上所述,三相电动势的大小相等,频率相同,彼此间的相位差也相等(120°),这三个电动势称为三相对称电动势。

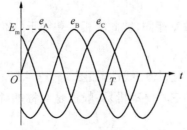
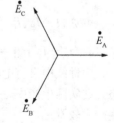

图1-4-2　正弦波形和相量图

三相交流电出现正幅值(或相应零值)的顺序称为相序。图1-4-2中三相交流电中的相序为 A→B→C,称为正序(或顺序)。若相序为 C→B→A,则称为逆序(或反序)。

项目二　三相负载的联接

1. 三相负载的星形联接

在三相四线制电路中,根据负载额定电压的大小,负载以恰当的形式联接到三相电源上。负载的联接形式有两种:星形联接和三角形联接。

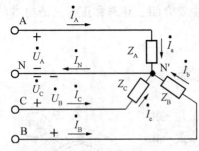

图1-4-3　三相负载的星形联接

如图1-4-3所示,将三相负载的末端联接在一起,这个联接点用 N′表示,与三相电源的中性点 N 相联,三相负载的首端分别接到三根火线上,这种联接形式称为三相负载的星形联接,每相负载的阻抗为 Z_A、Z_B、Z_C。此时每相负载的额定电压等于电源的相电压。

三相电路中流过火线的电流 i_A、i_B、i_C 称为线电流,其有效值用 I_l 表示;流过负载的电流 i_a、i_b、i_c 称为相电流,其有效值用 I_p 表示。显然

$$i_a = i_A$$
$$i_b = i_B$$
$$i_c = i_C$$

故 $I_L = I_P$

当 $Z_A = Z_B = Z_C = Z$ 时,称为三相对称负载。

由三相对称负载组成的三相电路称为三相对称电路。

三相负载对称,即

$$Z_A = Z_B = Z_C = Z = |Z| \angle \varphi$$

同理,U_L 表示线电压,U_P 表示相电压,则

$$U_L = \sqrt{3} U_P$$

而且 $I_L = \dfrac{U_L}{Z}$

可见,$\dot{I}_A$、$\dot{I}_B$、$\dot{I}_C$ 大小相等,频率相同,彼此间相位差等于(120°),称之为三相对称电流。此时,$\dot{I}_N = \dot{I}_A + \dot{I}_B + \dot{I}_C = 0$。

中性线中没有电流通过,可以去掉中线性,如图1-4-4所示。这就是三相三线制供电电路。在实际生产中,三相负载(如三相电动机)一般都是对称的,因此,三相三线制电路在工业生产中较常见。

由于对称负载的电压和电流都是对称的,因此在负载对称的三相电路中,只需要计算一相

电路即可。

【例 4-1】 图 1-4-4 所示星形联接的三相负载，每相负载的电阻 $R=6\ \Omega$，感抗 $X_L=8\ \Omega$。电源电压对称，电源线电压为 380 V，试求线电流、相电压和相电流。

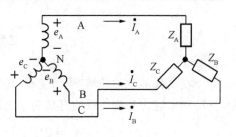

图 1-4-4 三相三线制电路

【解】：$U_L=U_P$

因为负载为星形（Y）联接，所以

$U_L=\sqrt{3}U_P$，$I_L=I_P$

因为 $U_L=380$ V

所以 $U_P=\dfrac{U_L}{\sqrt{3}}=\dfrac{380}{\sqrt{3}}\text{V}=220$ V

又因为 $Z=\sqrt{R^2+X_L^2}$

所以 $Z=\sqrt{6^2+8^2}\ \Omega=\sqrt{10^2}\ \Omega=10\ \Omega$

因为 $I_L=\dfrac{U_L}{Z}=\dfrac{380}{10}\text{A}=38$ A

所以 $I_P=I_L=38$ A

2. 三相负载的三角形联接

如图 1-4-5 所示的三相负载的联接形式，称为三相负载的三角形联接。在此联接形式中，负载的额定电压等于电源线电压。

当 $Z_{AB}=Z_{BC}=Z_{CA}=Z$ 时，称为三相负载对称。

三相负载对称时，即 $Z_{AB}=Z_{BC}=Z_{CA}=Z=|Z|\angle\varphi$。

显然，$\dot{I}_{AB}$，$\dot{I}_{BC}$，$\dot{I}_{CA}$ 也是三相对称电流。根据基尔霍夫电流定律，可得到三个线电流

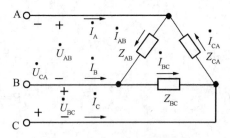

图 1-4-5 三相负载的三角形联接

$$I_L=\sqrt{3}I_P$$

所以，$I_L=\dfrac{U_L}{Z}$。

【例 4-2】 图 1-4-5 所示负载对称的三角形联接电路，已知线电压 $U_L=380$ V，各相负载阻抗相同，均为 $Z=10\ \Omega$。求电路中的相电流和线电流。

【解】：由于是三相对称电路，则

由 $I_L=\dfrac{U_L}{Z}=\dfrac{380}{10}\text{A}=38$ A

所以，$I_L=\sqrt{3}I_P$

即，$I_P=\dfrac{I_L}{\sqrt{3}}=\dfrac{38}{\sqrt{3}}\text{A}=22$ A

*项目三　三相功率

在负载不对称的情况下,三相电路中每相负载消耗的功率不同,应分别计算。三相电路的有功功率应为各相负载的有功功率之和。对于负载星形联接的三相电路,有以下关系:

$$P = P_A + P_B + P_C$$
$$= U_A I_A \cos \varphi_A + U_B I_B \cos \varphi_B + U_C I_C \cos \varphi_C$$

式中,φ_A、φ_B、φ_C 分别为 A 相、B 相、C 相负载的阻抗角。

对于负载三角形联接的三相电路,有

$$P = P_{AB} + P_{BC} + P_{CA}$$
$$= U_{AB} I_{AB} \cos \varphi_{AB} + U_{BC} I_{BC} \cos \varphi_{BC} + U_{CA} I_{CA} \cos \varphi_{CA}$$

式中,φ_A、φ_B、φ_C 分别是 AB 相、BC 相、CA 相负载的阻抗角。

在负载对称的三相电路中,每相负载的有功功率相同。因此,三相电路的有功功率为每相负载有功功率的 3 倍。对于负载星形联接的三相对称电路有

$$P = 3P_A$$
$$= 3 U_A I_A \cos \varphi$$
$$= 3 U_P I_P \cos \varphi$$

又由

$$U_P = \frac{1}{\sqrt{3}} U_L, \quad I_P = I_L$$

有

$$P = 3 \cdot \frac{1}{\sqrt{3}} U_L I_L \cos \varphi$$
$$= \sqrt{3} U_L I_L \cos \varphi$$

式中,φ 为每相负载阻抗的阻抗角,也即为该相负载两端电压与流过该负载的相电流的相位差。

对于负载为三角形联接的三相对称电路,有以下关系:

$$P = 3 P_{AB}$$
$$= 3 U_{AB} I_{AB} \cos \varphi$$
$$= 3 U_L I_P \cos \varphi$$

由

$$I_P = \frac{1}{\sqrt{3}} I_L$$

有

$$P = 3 U_L \cdot \frac{1}{\sqrt{3}} I_L \cos \varphi$$
$$= \sqrt{3} U_L I_L \cos \varphi$$

同理,φ 为每相负载阻抗的阻抗角。

提示:只要是三相对称电路,三相功率 $P = \sqrt{3} U_L I_L \cos \varphi$。

同理,三相对称电路的三相无功功率 $Q=\sqrt{3}U_\mathrm{L}I_\mathrm{L}\sin\varphi$,
三相对称电路的三相视在功率 $S=\sqrt{3}U_\mathrm{L}I_\mathrm{L}$。

【例4-3】　电路如图1-4-6所示三相负载星形联
接电路。已知三相电源的线电压 $\dot{U}_\mathrm{AB}=380\angle30°\mathrm{V}$,阻抗
$Z_\mathrm{A}=20\angle37°\Omega$, $Z_\mathrm{B}=20\angle30°\Omega$, $Z_\mathrm{C}=20\angle53°\Omega$。求三相
功率 P。

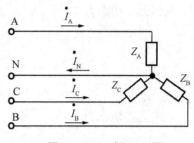

图1-4-6　例4-3图

【解】:由 $\dot{U}_\mathrm{AB}=380\angle30°\mathrm{V}$,可得

$$\dot{U}_\mathrm{A}=220\angle0°\mathrm{\ V},\quad\dot{U}_\mathrm{B}=220\angle-120°\mathrm{\ V},\quad\dot{U}_\mathrm{C}=220\angle120°\mathrm{\ V}$$

$$\dot{I}_\mathrm{A}=\frac{\dot{U}_\mathrm{A}}{Z_\mathrm{A}}=\frac{220\angle0°}{20\angle37°}\mathrm{\ A}=11\angle-37°\mathrm{\ A}$$

$$P_\mathrm{A}=U_\mathrm{A}I_\mathrm{A}\cos\varphi_\mathrm{A}=220\times11\times\cos37°\mathrm{\ kW}=1.93\mathrm{\ kW}$$

$$\dot{I}_\mathrm{B}=\frac{\dot{U}_\mathrm{B}}{Z_\mathrm{B}}=\frac{220\angle-120°}{20\angle30°}\mathrm{\ A}=11\angle-150°\mathrm{\ A}$$

$$P_\mathrm{B}=U_\mathrm{B}I_\mathrm{B}\cos\varphi_\mathrm{B}=220\times11\times\cos30°\mathrm{\ kW}=2.10\mathrm{\ kW}$$

$$\dot{I}_\mathrm{C}=\frac{\dot{U}_\mathrm{C}}{Z_\mathrm{C}}=\frac{220\angle120°}{20\angle53°}=11\angle67°\mathrm{\ A}$$

$$P_\mathrm{C}=U_\mathrm{C}I_\mathrm{C}\cos\varphi_\mathrm{C}=220\times11\times\cos53°\mathrm{\ kW}=1.46\mathrm{\ kW}$$

有三相电路的有功功率为

$$P=P_\mathrm{A}+P_\mathrm{B}+P_\mathrm{C}=5.49\mathrm{\ kW}$$

【例4-4】　在线电压 $U_\mathrm{L}=380\mathrm{\ V}$ 的三相电源上接入一个对称的三角形联接的负载,每相
负载阻抗 $Z=(16+\mathrm{j}12)\Omega$,求:负载的相电流、线电流和三相有功功率 P、三相无功功率 Q 和
三相视在功率 S。

【解】:负载三角形联接时,负载两端的电压大小等于电源的线电压的大小。

负载阻抗是

$$Z=(16+\mathrm{j}12)\ \Omega=20\angle37°\ \Omega$$

因此,相电流是

$$I_\mathrm{P}=\frac{U_\mathrm{L}}{|Z|}=\frac{380}{20}\mathrm{\ A}=19\mathrm{\ A}$$

线电流是

$$I_\mathrm{L}=\sqrt{3}I_\mathrm{P}=32.9\mathrm{\ A}$$

三相有功率为

$$P=\sqrt{3}U_\mathrm{L}I_\mathrm{L}\cos\varphi=\sqrt{3}\times380\times32.9\times\cos37°\mathrm{\ kW}=17.32\mathrm{\ kW}$$

三相无功功率为

$$Q = \sqrt{3}U_L I_L \sin 37°$$
$$= \sqrt{3} \times 380 \times 32.9 \times 0.6 \text{ kvar}$$
$$= 12.99 \text{ kvar}$$

三相视在功率为

$$S = \sqrt{3}U_L I_L$$
$$= \sqrt{3} \times 380 \times 32.9 \text{ kV} \cdot \text{A}$$
$$= 21.65 \text{ kV} \cdot \text{A}$$

习　题　四

一、判断题

1. 三相三线制供电系统中,只有当负载对称时,三个线电流之和才等于零。(　　)

2. 对称三相负载的总视在功率为一相负载视在功率的 3 倍。(　　)

3. 凡是三相电路,其总有功功率总是等于一相电路有功功率的 3 倍。(　　)

4. 三相四线制中,两中性点间电压为零,中线电流一定为零。(　　)

5. 只有负载星形联接且对称的三相电路,负载的线电流才等于相电流。(　　)

6. 三相负载三角形联接时,测出各线电流都相等,则各项负载必然对称。(　　)

7. 负载作星形联接时,线电流必等于相电流。(　　)

8. 三相交流电的相电压一定大于线电压。(　　)

9. 对称三相负载作星形联接时,中线电流为零。(　　)

10. 开关一定要接在相线(即火线)上。(　　)

二、选择题

1. 三相额定电压为 220 V 的电热丝,接到线电压 380 V 的三相电源上,最佳接法是(　　)。

　　A. 三角形联接　　　　　　　　　　B. 星形联接无中线

　　C. 星形联接有中线　　　　　　　　D. 星形/三角形联接

2. 对称三相四线制供电线路,若端线上的一根保险丝熔断,则保险丝两端的电压为(　　)。

　　A. 线电压　　　　　　　　　　　　B. 相电压

　　C. 相电压+线电压　　　　　　　　D. 线电压的一半

3. 在对称三相四线制供电线路上,每相负载连接相同的白炽灯(正常发光),当中线断开时,将会出现(　　)。

　　A. 三个白炽灯都变暗　　　　　　　B. 三个白炽灯都应过亮而被烧坏

　　C. 仍能正常发光　　　　　　　　　D. 三个白炽灯都变亮

4. 三相动力供电线路的电压是 380 V,则任意两根相线之间的电压称为(　　)。

　　A. 相电压,有效值 380 V　　　　　　B. 线电压,有效值为 220 V

　　C. 线电压,有效值为 380 V　　　　　D. 相电压,有效值为 220 V

　　5. 三相额定电压为 220 V 的电热丝,接到线电压为 380 V 的三相电源上,最佳的连接方法是(　　)。

　　A. 三角形联接

　　C. 三角形联接、星形联接都可以

　　B. 星形联接并在中性线上装熔断器

　　D. 星形联接无中性线

三、计算题

　　1. 图 1-4-7 所示电路,负载阻抗 $Z=(6+j8)\,\Omega$,电源线电压 $\dot{U}_{AB}=380\angle30°\text{V}$。求相电流 $\dot{I}_{AB}$ 和线电流 $\dot{I}_A$,画出电压 $\dot{U}_{AB}$ 和电流 $\dot{I}_{AB}$、$\dot{I}_A$ 的相量图,计算电路的三相功率 P、Q、S 的值。

　　2. 图 1-4-8 所示电路,已知 $Z=(25+j25)\,\Omega$,三相四线制电源相电压 $u_A=220\sqrt{2}\sin314t\text{ V}$,求电流 $\dot{I}_A$,并画出 $\dot{U}_{AB}$、$\dot{U}_A$ 和 $\dot{I}_A$ 的相量图。

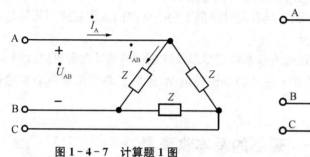

图 1-4-7　计算题 1 图

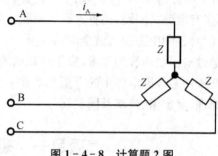

图 1-4-8　计算题 2 图

　　3. 图 1-4-9 所示电路,已知电压 $\dot{U}_{AB}=380\angle30°\text{V}$,阻抗 $Z_1=Z_2=(8+j6)\,\Omega$,阻抗 $Z_3=(6+j8)\,\Omega$,求三相电路中所有的相电流和线电流,并画出所有电流的相量图。

　　4. 图 1-4-10 所示电路,在三相对称电源上接入一组不对称的星形联接的电阻负载,已知 $Z_1=20.17\,\Omega$,$Z_2=24.2\,\Omega$,$Z_3=60.5\,\Omega$,$\dot{U}_A=220\angle0°\text{V}$。求电路中各线电流。

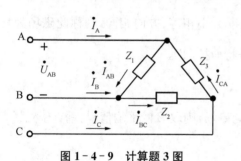

图 1-4-9　计算题 3 图

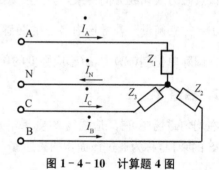

图 1-4-10　计算题 4 图

模块五 磁路和变压器

在前面几个模块内容中已介绍了分析与计算各种电路的基本定律和基本方法。下面将介绍工程上实际应用的一些常用电工设备,如变压器、电磁铁、电动机等。在学习这些电工设备时,不仅有电路的问题,还有磁路的问题。只有同时掌握了解决电路问题和磁路问题的基本理论,才能对各种电工设备做全面的分析。

通过本模块内容的学习,应了解磁场的基本物理量以及铁磁材料的性质和磁路欧姆定律,掌握交流铁芯线圈电路中的电磁关系并了解其功率损耗情况,还要了解变压器的基本结构和工作原理、额定值、效率及同名端等。

项目一 磁场的基本物理量

1. 磁感应强度 B

磁感应强度 B 是表示磁场内某点的磁场强弱及方向的物理量。它是一个空间矢量,其方向与该点磁力线切线方向一致,与产生该磁场的电流之间的方向关系符合右螺旋法则,其大小可用 $B=\dfrac{F}{lI}$ 来衡量。若磁场内各点的磁感应强度大小相等、方向相同,则称此磁场为均匀磁场。在国际单位制(SI)中,磁感应强度的单位是特斯拉(T)。

2. 磁通 Φ

在均匀磁场中,磁感应强度 B(如果不是均匀磁场,则取 B 的平均值)与垂直于磁场方向的面积 S 的乘积,称为通过该面积的磁通 Φ,即

$$\Phi = BS \text{ 或 } B = \frac{\Phi}{S}$$

由此可见,磁感应强度 B 在数值上等于垂直磁场方向的单位面积 S 上通过的磁通,故磁感应强度又称为磁通密度。在国际单位制中,磁通的单位是伏·秒,通常称为韦伯(Wb),简称韦。

3. 磁场强度 H

磁场强度 H 是计算磁场时所引用的一个物理量,也是一个矢量,通过它来确定磁场与电流之间的关系,即

$$\oint H \mathrm{d}l = \sum I$$

上式是安培环路定律，又称为全电流定律的数学表达式，它是计算磁路的基本公式。式中，$\oint H \mathrm{d}l$ 是磁场强度矢量 H 沿任意闭合回线 l（常取磁通作为闭合回线）的线积分，$\sum I$ 是穿过该闭合回线所围面积的电流的代数和，H 的单位是安/米（A/m）。

4. 磁导率 μ

磁导率 μ 是用来表示磁场媒质磁性的物理量，即用来衡量物质导磁性能的物理量。它与磁场强度的乘积等于磁感应强度，即

$$B = \mu H$$

磁导率的单位是亨/米（H/m）。真空的磁导率 $\mu = 4\pi \times 10^{-7}$ H/m。任意一种物质的磁导率与真空的磁导率之比称为相对磁导率，用 μ_r 表示，即

$$\mu_r = \frac{\mu}{\mu_0}$$

磁场内某一点的磁场强度 H 只与电流大小、线圈匝数以及该点的几何位置有关，而与磁场媒质的磁导率无关；但磁感应强度则与磁场媒质的磁导率有关，当线圈内的媒质不同时，则磁导率也不同，即在相同的电流值下，同一点的磁感应强度的大小就不同，线圈内的磁通也不同。

项目二　磁性材料和磁路的欧姆定律

1. 磁性材料的磁性能

自然界的所有物质按其磁导率的大小，可分为磁性材料和非磁性材料两大类。磁性材料的导磁性能好，磁导率大，如铁、钢、镍及钴等；非磁性材料的导磁性能差，磁导率小，如铜、铝、纸和空气等。

磁性材料是制造变压器、电机及电器等各种电气设备的主要材料，磁性材料的磁性能对电磁器件的性能和工作状态有很大影响，磁性材料的磁性能主要表现为高导磁性、磁饱和性和磁滞性。

（1）高导磁性

磁性材料具有很强的导磁能力，在外磁场作用下，其内部的磁感应强度会大大增强，相对磁导率可达几百、几千甚至几万。这是因为磁性材料不同于其他物质，有其内部特殊性。

磁性材料的磁性能被广泛应用于电工设备中，如电机、变压器及各种铁磁元件的线圈中都放有铁芯。通电线圈中放入铁芯后，即使通入不大的励磁电流，磁场也会大大增强，因为此时的磁场是线圈产生的磁场和铁芯被磁化后产生的附加磁场的叠加。这就解决了既要磁通大，又要励磁电流小的矛盾。利用优质的磁性材料可使同一容量电机的质量和体积大大减小。

（2）磁饱和性

在磁性材料的磁化过程中，随着励磁电流的增大，外磁场和附加磁场都将增大，但当励磁

电流增大到一定值时,几乎所有的磁畴都与外磁场的方向一致,附加磁场就不再随励磁电流的增大而继续增强,整个磁化磁场的磁感应强度 B_J 接近饱和,这种现象称为磁饱和现象,如图 1-5-1 所示。

磁性材料的磁化特性可用磁化曲线 $B=f(H)$ 来表示,磁性材料的磁化曲线如图 1-5-1 所示。其中 B_0 是在外磁场作用下如果磁场内不存在磁性材料时的磁感应强度,若将 B_J 曲线和 B_0 直线的纵坐标相加,便得出 B-H 磁化曲线。此曲线可分成 3 段:Oa 段的 B 与 H 差不多成正比地增加;ab 段的 B 增加较缓慢,增加速度下降;b 点以后部分的 B 增加很小,逐渐趋于饱和。

当有磁性材料存在时,B 与 H 不成正比,所以磁性材料的磁导率 μ 不是常数,它将随着 H 的变化而变化,如图 1-5-2 所示为 $\mu=f(H)$ 曲线。由于磁通 Φ 与 B 成正比,产生磁通的励磁电流 I 与 H 成正比,所以在有磁性材料的情况下,Φ 与 I 也不成正比,对于不同的磁性材料,其磁化曲线也不相同。

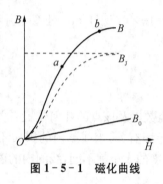

图 1-5-1　磁化曲线

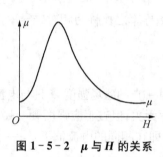

图 1-5-2　μ 与 H 的关系

（3）磁滞性

当磁性线圈中通有交变电流时,磁性材料将受到交变磁化。在电流交变的一个周期中,磁感应强度 B 随磁场强度 H 变化的关系如图 1-5-3 所示。由图可见,当磁场强度 H 减小时,

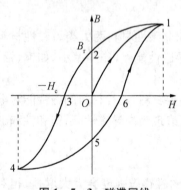

图 1-5-3　磁滞回线

磁感应强度 B 并不沿着原来这条曲线回降,而是沿着一条比它高的曲线缓慢下降。这种磁感应强度滞后于磁场强度变化的性质称为磁性物质的磁滞性。当线圈电流减小到零时,磁场强度 H 也减小到零时,磁感应强度 B 并不等于零而仍然有一定的值,磁性材料仍然保有一定的磁性,这部分剩余的磁性称为剩磁,用 B_r 表示(图 1-5-3)。如果要去掉剩磁,使 $B=0$,必须施加一反方向磁场强度($-H_c$),H_c 的大小称为矫顽磁力,它表示铁磁材料反抗退磁的能力。在磁性材料反复磁化的过程中,表示 B 与 H 变化关系的封闭曲线称为磁滞回线,如图 1-5-3 所示。

不同的磁性材料,其磁性能、磁化曲线和磁滞回线也不相同。磁性材料按其磁性能可分为软磁材料、硬磁材料（又称永磁材料）和矩磁材料三种类型。

软磁材料的剩磁和矫顽磁力较小,磁滞回线形状较窄,所包围的面积较小,但磁化曲线较陡,即磁导率较高。它既容易磁化,又容易退磁,常见的软磁材料有纯铁、铸铁、硅钢、玻莫合金以及非金属软磁铁氧体等,一般用于有交变磁场的场合,如用来制造镇流器、变压器、电动机以及各种中、高频电磁元件的铁芯等。非金属软磁铁氧体在电子技术中应用也很广泛,如计算机

的磁芯、磁鼓及录音机的磁带、磁头等。

硬磁材料的剩磁和矫顽磁力较大,磁滞回线形状较宽,所包围的面积较大,适用于制作永久磁铁,如扬声器、耳机、电话机、录音机以及各种磁电式仪表中的永久磁铁都是硬磁材料制成的,常见硬磁材料有碳钢、钴钢及铁镍铝钴合金等。近年来稀土永磁材料发展很快,像稀土钴、稀土钕铁硼等,其矫顽磁力更大。

矩磁材料的磁滞回线近似于矩形,剩磁很大,接近饱和磁感应强度,稳定性良好;但矫顽磁力较小,易于翻转。常在计算机和控制系统中用作记忆元件、逻辑元件和开关元件,矩磁材料有镁锰铁氧体及某些铁镍合金等。

2. 磁路的欧姆定律

为了使较小的励磁电流产生足够大的磁感应强度(或磁通),通常把电机、变压器等元件中的磁性材料做成一定形状的铁芯。铁芯的磁导率比周围空气或其他物质的磁导率要高很多,因此,磁通的绝大部分经过铁芯而形成一个闭合通路。由前面可知,电流流过的路径叫电路,而这种磁通的路径称为磁路。如图 1-5-4 所示为环形线圈的磁路。

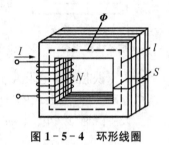

图 1-5-4 环形线圈

根据全电流定律公式

$$\oint \boldsymbol{H} \mathrm{d}l = \sum I$$

可得

$$NI = \boldsymbol{H}l = \frac{\boldsymbol{B}}{\mu}l = \frac{\boldsymbol{\Phi}}{\mu S}l, \quad 或 \boldsymbol{\Phi} = \frac{NI}{\dfrac{l}{\mu S}} = \frac{F}{R_{\mathrm{m}}}$$

式中,N 为线圈匝数;$F=NI$ 为磁通势;R_{m} 为磁阻;l 为磁路的平均长度;μ 为磁导率;S 为磁路的横截面积。

磁路和电路有很多相似之处,但它们的实质不同,分析和处理磁路要比电路复杂得多,应注意以下几个问题:(1) 在处理磁路时,离不开磁场的概念,一般都要考虑漏磁通;(2) 由于磁导率 μ 不是常数,它随工作状态即励磁电流而变化,所以一般不提倡直接应用磁路的欧姆定律和磁阻来进行定量计算,但在许多场合可用于定性分析。

*项目三 交流铁芯线圈电路

铁芯线圈分直流铁芯线圈和交流铁芯线圈两种。直流铁芯线圈由直流电来励磁,产生的磁通是恒定的,在线圈和铁芯中不会感应出电动势,线圈中的电流由外加电压和线圈本身的电阻来决定,功率损耗也只有线圈电阻上的损耗,分析比较简单,如直流电机的励磁线圈、电磁吸盘及各种直流电器的线圈;交流铁芯线圈由交流电来励磁,产生的磁通是交变的,其电磁关系、电压电流关系及功率消耗和直流铁芯线圈不一样,比较复杂,如变压器、交流电机和其他交流电气设备等。

1. 电磁关系

图 1-5-5 是交流铁芯线圈电路,设线圈的匝数为 N,当在线圈两端加上正弦交流电压 u

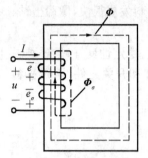

图 1-5-5　交流铁芯线圈电路

时,就有交变励磁电流 i 流过,在交变磁动势 iN 的作用下将产生交变的磁通,其绝大部分通过铁芯而闭合,称为主磁通或工作磁通 Φ。还有很小部分从附近空气或其他非导磁媒质中通过而闭合,称为漏磁通 Φ_σ。这两种交变的磁通分别在线圈中产生主磁电动势 e 和漏磁电动势 e_σ,其方向由右手螺旋定则决定,如图 1-5-5 所示。

设线圈电阻为 R,由基尔霍夫电压定律可得铁芯线圈中的电压、电流与电动势之间的关系为

$$u = iR - e - e_\sigma$$

这就是交流铁芯线圈的电压平衡方程式。

由于铁芯线圈电阻 R 上的电压降 iR 和漏磁通电动势 e_σ 都很小,与主磁通电动势 e 比较,均可忽略不计,故上式可写成:$u = -e$。

设主磁通 $\Phi = \Phi_m \sin \omega t$,则

$$e = -N\frac{\mathrm{d}\Phi}{\mathrm{d}t} = -N\omega\Phi_m\cos\omega t = 2\pi fN\Phi_m\sin(\omega t - 90°) = E_m\sin(\omega t - 90°)$$

式中,$E_m = 2\pi fN\Phi_m$,是主磁通电动势 e 的最大值,而有效值则为

$$E = \frac{E_m}{\sqrt{2}} = 4.44fN\Phi_m$$

所以,外加电压的有效值为

$$U \approx E = 4.44fN\Phi_m = 4.44fNB_mS$$

式中,Φ_m 的单位是 Wb;f 的单位是 Hz;U 的单位是 V。

从上式可看出,在忽略线圈电阻和漏磁通的条件下,当线圈匝数 N 和电源频率 f 一定时,铁芯中的磁通最大值 Φ_m 与外加电压有效值 U 成正比,而与铁芯的材料及尺寸无关,也就是说,当线圈匝数 N、外加电压有效值 U 和频率 f 都一定时,铁芯中的磁通最大值 Φ_m 将保持基本不变。

2. 功率损耗

在交流铁芯线圈电路中,除在线圈电阻上有功率损耗 RI^2(又称为铜损 ΔP_{Cu})外,铁芯中也会有功率损耗(又称为铁损 ΔP_{Fe}),铁损又包括磁滞损耗 ΔP_h 和涡流损耗 ΔP_e 两部分。

① 磁滞损耗 ΔP_h。铁磁材料交变磁化时产生的铁损称为磁滞损耗。它是由铁磁材料内部磁畴反复转向,磁畴间相互摩擦引起铁芯发热而造成的损耗。可以证明,铁芯单位体积内每周期产生的磁滞损耗与磁滞回线所包围的面积成正比。为了减小磁滞损耗,交流铁芯均由软磁材料制成,如硅钢等。

② 涡流损耗 ΔP_e。铁磁材料不仅有导磁能力,同时也有导电能力,因而在交变磁通的作

用下铁芯内将产生感应电动势和感应电流,这种感应电流称为涡流,它在垂直于磁通方向的平面内围绕磁力线呈旋涡状环流,如图1-5-6(a)所示。涡流使铁芯发热,其功率损耗称为涡流损耗。

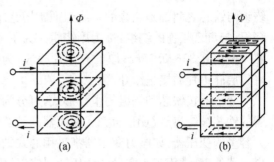

图1-5-6 铁芯中的涡流

为了减小涡流,可采用硅钢片叠成的铁芯,它不仅有较高的磁导率,还有较大的电阻率,可使铁芯的电阻增大,涡流减小,同时硅钢片的两面涂有绝缘漆,使各片之间互相绝缘,可把涡流限制在一些狭长的截面内流动,从而减小了涡流损失,如图1-5-6(b)所示。所以各种交流电动机、电器和变压器的铁芯普遍用硅钢片叠成。涡流也有其好的一面,如利用涡流的热效应来冶炼金属,利用涡流和磁场相互作用而产生电磁力的原理来制造感应式仪器、滑差电机和涡流测矩器等。

综上所说,交流铁芯线圈电路的功率损耗为

$$P = \Delta P_{Cu} + \Delta P_{Fe} = \Delta P_{Cu} + \Delta P_h + \Delta P_e。$$

项目四　变压器

变压器是利用电磁感应原理传输电能或信号的器件,具有变压、变流、变阻抗和隔离的作用,是一种常见的电气设备。它的种类很多,在电力系统和电子线路中应用十分广泛。例如,在电力系统中,用电力变压器把发电机发出的电压升高后进行远距离输电,到达目的地以后再用变压器把电压降低供用户使用;在实验室中,用自耦变压器改变电源电压;在测量上,利用仪用互感器扩大对交流电压、电流的测量范围;在电子设备和仪器中,用小功率电源变压器提供多种电压,用耦合变压器传递信号并隔离电路上的联系等。变压器虽然大小悬殊,用途各异,但其基本结构和工作原理是相同的。

1. 变压器的基本结构和工作原理

（1）变压器的基本结构

变压器由铁芯和绕组两大部分组成,图1-5-7(a)和(b)分别是它的结构示意图和图形符号。这是一个简单的双绕组变压器,在一个闭合的铁芯上套有两个绕组,绕组与绕组之间以及

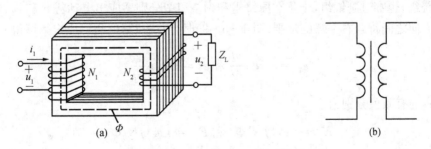

图1-5-7 变压器的示意图和图形符号

绕组与铁芯之间都是绝缘的。绕组通常用绝缘的铜线或铝线绕成,与电源相连的绕组,称为原绕组;与负载相连的绕组,称为副绕组。为了减少铁芯中的磁滞损耗和涡流损耗,变压器的铁芯大多用 0.35～0.5 mm 厚的硅钢片叠成;为了降低磁路的磁阻,一般采用交错叠装方式,即将每层硅钢片的接缝错开。

变压器按铁芯和绕组的组合形式,可分为芯式和壳式两种,如图 1-5-8 所示。芯式变压器的铁芯被绕组所包围,而壳式变压器的铁芯则包围绕组。芯式变压器用铁量比较少,多用于大容量的变压器,如电力变压器都采用芯式结构;壳式变压器用铁量比较多,但不需要专门的变压器外壳,常用于小容量的变压器,如各种电子设备和仪器中的变压器多采用壳式结构。变压器按冷却方式又可分为自冷式和油冷式(常用于三相变压器中)两种,在自冷式变压器中,热量依靠空气的自然对流和辐射直接散发到周围空气中。当变压器的容量较大时常采用油冷式,此时变压器的铁芯和绕组全部浸在变压器油内,使其产生的热量通过变压器油传给箱壁而散发到空气中去。

(2) 变压器的工作原理

① 电压变换。

变压器的原绕组接交流电压 u_1 且副绕组开路时的运行状态称为空载运行,如图 1-5-9 所示。这时副绕组中的电流 $i_2 = 0$,开路电压用 u_{20} 表示。原绕组中通过的电流为空载电流 i_{10},各量的参考方向如图 1-5-9 所示。图中 N_1 为原绕组的匝数,N_2 为副绕组的匝数。

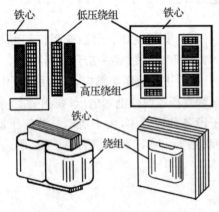

图 1-5-8 变压器的结构

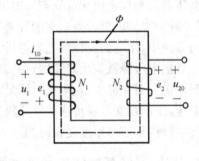

图 1-5-9 变压器的空载运行

由于副绕组开路,这时变压器的原绕组电路相当于一个交流铁芯线圈电路,通过的空载电流 i_{10} 就是励磁电流,且产生磁动势 $i_{10}N_1$,此磁动势在铁芯中产生的主磁通 Φ 通过闭合铁芯,既穿过原绕组,也穿过副绕组,于是在原绕组和副绕组中分别感应出电动势 e_1 和 e_2。e_1 及 e_2 与 Φ 的参考方向之间符合右手螺旋定则(图 1-5-9)时,由法拉第电磁感应定律可得

$$e_1 = -N_1 \frac{\mathrm{d}\Phi}{\mathrm{d}t} \text{ 和 } e_2 = -N_2 \frac{\mathrm{d}\Phi}{\mathrm{d}t}$$

e_1 和 e_2 的有效值分别为

$$E_1 = 4.44 f N_1 \Phi_m \text{ 和 } E_2 = 4.44 f N_2 \Phi_m$$

式中,f 为交流电源的频率;Φ_m 为主磁通 Φ 的最大值。

　　由于铁芯线圈电阻 R 上的电压降 iR 和漏磁通电动势 e_σ 都很小,均可忽略不计,故原、副绕组中的电动势 e_1 和 e_2 的有效值近似等于原、副绕组上电压的有效值,即

$$U_1 \approx E_1 \text{ 和 } U_{20} \approx E_2$$

所以可得

$$\frac{U_1}{U_{20}} \approx \frac{E_1}{E_2} = \frac{N_1}{N_2} = K_u$$

　　由上式可见,变压器空载运行时,原、副绕组上电压的比值等于两者的匝数比,这个比值 K_u 称为变压器的变压比。变压器可以把某一数值的交流电压变换为同频率的另一数值的电压,这就是变压器的电压变换作用。当原绕组匝数 N_1 比副绕组匝数 N_2 多时,$K_u > 1$,这种变压器称为降压变压器;反之,原绕组匝数 N_1 比副绕组匝数 N_2 少时,$K_u < 1$,这种变压器称为升压变压器。

　　② 电流变换。

　　如果变压器的副绕组接上负载,则在副绕组感应电动势 e_2 的作用下,副绕组将产生电流 i_2。这时,原绕组的电流将由 i_{10} 增大为 i_1,如图 1-5-10 所示。副绕组电流 i_2 越大,原绕组电流 i_1 也就越大。由副绕组电流 i_2 产生的磁动势 i_2N_2 也要在铁芯中产生磁通,即这时变压器铁芯中的主磁通应由原、副绕组的磁动势共同产生。

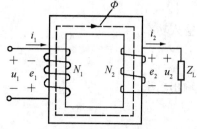

图 1-5-10　变压器的负载运行

　　由 $U_1 = E_1 = 4.44fN_1\Phi_m$ 可知,在原绕组的外加电压(电源电压 U_1)和频率 f 不变的情况下,主磁通 Φ_m 基本保持不变。因此,有负载时产生主磁通的原、副绕组的合成磁通势$(i_1N_1 + i_2N_2)$应和空载时产生主磁通的原绕组的磁通势 $i_{10}N_1$ 基本相等,用公式表示,即

$$i_1N_1 + i_2N_2 = i_{10}N_1$$

如用相量表示,则为

$$\dot{I}_1N_1 + \dot{I}_2N_2 = \dot{I}_{10}N_1$$

这一关系称为变压器的磁动势平衡方程式。

　　由于原绕组空载电流较小,约为额定电流的 10%,所以 $\dot{I}_{10}N_1$ 与 $\dot{I}_1N_1$ 相比,可忽略不计,即

$$\dot{I}_1N_1 \approx -\dot{I}_2N_2$$

　　由上式可得原、副绕组电流有效值的关系为

$$\frac{I_1}{I_2} \approx \frac{N_2}{N_1} = \frac{1}{K_u}$$

此时,若漏磁和损耗忽略不计,则有

$$\frac{U_1}{U_2} \approx \frac{N_1}{N_2} = K_u$$

　　从能量转换的角度来看,当副绕组接上负载后,出现电流 i_2,说明副绕组向负载输出电能,

这些电能只能由原绕组从电源吸取,然后通过主磁通传递到副绕组。副绕组负载输出的电能越多,原绕组向电源吸取的电能也越多。因此,副绕组电流变化时,原绕组电流也会相应地变化。

【例 5-1】 已知某变压器 $N_1 = 1\,000$,$N_2 = 200$,$U_1 = 200$ V,$I_2 = 10$ A。若为纯电阻负载,且漏磁和损耗忽略不计。求 U_2、I_1、输入功率 P_1 和输出功率 P_2。

【解】:因为　$K_u = \dfrac{N_1}{N_2} = 5$

　　　　所以

$$U_2 = \frac{U_1}{K_u} = 40 \text{ V},$$

$$I_1 = \frac{I_2}{K_u} = 2 \text{ A}$$

输入功率

$$P_1 = U_1 I_1 = 400 \text{ W}$$

输出功率

$$P_2 = U_2 I_2 = 400 \text{ W}$$

③ 阻抗变换作用。

变压器除了有变压和变流的作用外,还有变换阻抗的作用,以实现阻抗匹配。图 1-5-11(a)所示的变压器原绕组接电源 u_1,副绕组的负载阻抗模为 $|Z|$,对于电源来说,图中虚线框内的电路可用另一个阻抗模 $|Z'|$ 等效代替,如图 1-5-11(b)所示。所谓等效,就是它们从电源吸取的电流和功率相等,即接在电源上的阻抗模 $|Z'|$ 和接在变压器副绕组的负载阻抗模 $|Z|$ 是等效的。当忽略变压器的漏磁和损耗时,等效阻抗可通过下面计算得出。

$$|Z'| = \frac{U_1}{I_1} = \frac{U_1}{U_2} \times \frac{I_2}{I_1} \times \frac{U_2}{I_2} = \frac{N_1}{N_2} \times \frac{N_1}{N_2} \times |Z| = K_u^2 |Z|$$

原、副绕组电压比 K_u(又称匝数比)不同时,负载阻抗模 $|Z|$ 折算到原绕组的等效阻抗模 $|Z'|$ 也不同。通过选择合适的电压比 K_u,可以把实际负载阻抗模变换为所需的、比较合适的数值,这就是变压器的阻抗变换作用。在电路中,为了提高信号的传输功率,常用变压器将负载阻抗变换为适当的数值,即阻抗匹配。

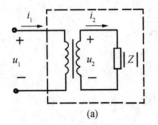
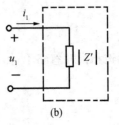

图 1-5-11　变压器的负载阻抗变换

【例5-2】 已知某交流信号源的电压 $U_S = 10$ V,内阻 $R_0 = 200$ Ω,负载 $R_L = 8$ Ω,且漏磁和损耗忽略不计。

(1) 若将负载与信号源直接相连,求信号源的输出功率为多大?

(2) 若要负载上的功率达到最大,且用变压器进行阻抗变换,则变压器的匝数比应为多大? 此时信号源的输出功率又为多大?

【解】:(1) $P = I^2 R_L = \left(\dfrac{U_S}{R_0 + R_L}\right)^2 R_L = \left(\dfrac{10}{200 + 8}\right)^2 \times 8$ W $= 0.0185$ W

(2) 变压器把负载 R_L 进行阻抗变换

$$R'_L = R_0 = 200 \text{ Ω}$$

所以,变压器的匝数比应为

$$\frac{N_1}{N_2} = \sqrt{\frac{R'_L}{R_L}} = \sqrt{\frac{200}{8}} = 5$$

此时信号源的输出功率为

$$P = I^2 R_L = \left(\frac{10}{200 + 200}\right)^2 \times 200 \text{ W} = 0.125 \text{ W}$$

2. 变压器的额定值

变压器的额定值通常标注在铭牌或使用说明书中,主要额定值如下:

(1) 额定电压 U_{1N} 和 U_{2N}

额定电压是根据变压器的绝缘强度和允许温升而规定的正常工作电压有效值,单位为 V 或 kV。变压器的额定电压有原绕组额定电压 U_{1N} 和副绕组额定电压 U_{2N}。U_{1N} 指原绕组应加的电源电压,U_{2N} 指原绕组加 U_{1N} 时副绕组空载时的电压。三相变压器原、副绕组的额定电压 U_{1N} 和 U_{2N} 均为线电压。

(2) 额定电流 I_{1N} 和 I_{2N}

额定电流是指变压器长期工作时,根据其允许温升而规定的正常工作电流有效值,单位为 A。变压器的额定电流有原绕组额定电流 I_{1N} 和副绕组额定电流 I_{2N}。三相变压器原、副绕组的额定电流 I_{1N} 和 I_{2N} 均为线电流。

(3) 额定容量 S_N

变压器的额定容量 S_N 是指变压器副绕组 U_{2N} 和 I_{2N} 的乘积,单位为 VA 或 kVA。额定容量反映了变压器传递电功率的能力,它与变压器的实际输出功率是不同的。变压器实际使用时的输出功率取决于副绕组负载的大小和性质。

对于单相变压器

$$S_N = U_{2N} I_{2N}$$

对于三相变压器

$$S_N = \sqrt{3} U_{2N} I_{2N}$$

（4）额定频率 f_N

额定频率 f_N 是指变压器应接入的电源频率。我国电力系统工业用电的标准频率为 50 Hz。改变电源的频率会使变压器的某些电磁参数、损耗和效率发生变化，影响其正常工作。

（5）额定温升 τ_N

变压器的额定温升 τ_N 是指在基本环境温度（＋40℃）下，规定变压器在连续运行时，允许变压器的工作温度超出环境温度的最大温升。

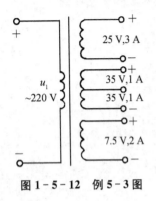

图 1 - 5 - 12　例 5 - 3 图

【例 5 - 3】　如图 1 - 5 - 12 所示为一个具有多个副绕组的变压器，副绕组的额定值已在图中注明。

（1）求副绕组的总容量 S_{2N} 为多大？

（2）若漏磁和损耗忽略不计，求变压器原绕组的额定电流为多大？

【解】：（1）副绕组的总容量 S_{2N} 为各个副绕组额定电压和额定电流乘积之和，即

$$S_{2N} = (35 \times 1 \times 2 + 25 \times 3 + 7.5 \times 2)\, \text{W} = 160\, \text{W}$$

（2）原绕组的容量为

$$S_{1N} \approx S_{2N} = 160\, \text{W}$$

原绕组的额定电流为

$$I_{1N} = \frac{S_{1N}}{U_{1N}} = 0.8\, \text{A}$$

3. 变压器的外特性及效率

（1）变压器的外特性

从上面的分析可知，变压器在负载运行中，当电源电压不变时，随着负载的增加，原、副绕组上的电阻压降及漏磁电动势都随之增加，所以副绕组的端电压 U_2 将下降。

当变压器原绕组电压 U_1 和负载功率因数 $\cos \varphi_2$ 一定时，副绕组电压 U_2 随负载电流 I_2 变化的曲线称为变压器的外特性，用 $U_2 = f(I_2)$ 表示。图 1 - 5 - 13 给出了变压器的两条外特性曲线。对于电阻性和电感性负载来说，外特性曲线是稍向下倾斜的，感性负载的功率因数越低，U_2 下降得越快。

从空载到额定负载，变压器外特性的变化程度可用电压变化率 ΔU 表示，即

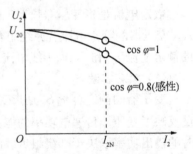

图 1 - 5 - 13　变压器的外特性曲线

$$\Delta U = \frac{U_{20} - U_2}{U_{20}} \times 100\%$$

当负载变化时，通常希望电压 U_2 的变化愈小愈好，在一般变压器中，其电阻和漏磁感抗均很小，电压变化率较小，电力变压器的电压变化率一般在 5％左右，而小型变压器的电压变化率可达 20％。

（2）变压器的效率

和交流铁芯线圈一样，变压器的功率损耗包括铁芯中的铁损 ΔP_{Fe} 和绕组上的铜损 ΔP_{Cu} 两部分。铁损的大小与铁芯内磁感应强度的最大值 B_m 有关，而与负载的大小无关；铜损则与负载的大小有关（RI^2 与电流的平方成正比）。所以输出功率将略小于输入功率，变压器的效率通常用输出功率 P_2 与输入功率 P_1 之比来表示，即

$$\eta = \frac{P_2}{P_1} \times 100\% = \frac{P_2}{P_2 + \Delta P_{Fe} + \Delta P_{Cu}} \times 100\%$$

变压器的功率损耗很小，所以效率很高，通常在 95% 以上。在一般电力变压器中，当负载为额定负载的 50%～75% 时，效率达到最大值。所以应合理地选用变压器的容量，避免长期轻载运行或空载运行。

【例 5‑4】 已知某单相变压器，其原绕组的额定电压 $U_{1N} = 3\ 000$ V，副绕组开路时的电压 $U_{20} = 230$ V。当副绕组接入电阻性负载并达到满载时，副绕组电流 $I_2 = 40$ A，此时 $U_2 = 220$ V，若变压器的效率 $\eta = 95\%$，试求：

（1）变压器原绕组的电流 I_1；

（2）变压器的功率损耗 ΔP 和电压变化率 ΔU。

【解】：（1）副绕组输出的电功率为

$$P_2 = U_2 I_2 = 220 \times 40\ \text{W} = 8\ 800\ \text{W}$$

原绕组输入的电功率为

$$P_1 = \frac{P_2}{\eta} = 9\ 263\ \text{W}$$

原绕组的电流 I_1 为

$$I_1 = \frac{P_1}{U_1} = 3.08\ \text{A}$$

（2）功率损耗为

$$\Delta P = P_1 - P_2 = 463\ \text{W}$$

电压变化率为

$$\Delta U = \frac{U_{20} - U_2}{U_{20}} \times 100\% = 4.34\%$$

4. 变压器绕组的极性

（1）绕组的极性及同名端的概念

要正确使用变压器，就必须了解绕组的同名端（又称为同极性端）概念。绕组的同名端是绕组与绕组间、绕组与其他电气元件间正确连接的依据，并可用来分析原、副绕组间电压的相位关系。在变压器绕组接线及电子技术放大电路、振荡电路、脉冲输出电路等的接线与分析中，都要用到同名端的概念。

绕组的极性是指绕组在任意瞬时两端产生的感应电动势的瞬时极性,它总是从绕组的相对瞬时电位的低电位端(常用符号"-"来表示)指向高电位端(常用符号"+"来表示)。两个磁耦合作用联系起来的绕组,如变压器的原、副绕组,当某一瞬时原绕组某一端点的瞬时电位相对于原绕组的另一端为正时,副绕组也必有一对应的端点,其瞬时电位相对于副绕组的另一端点也为正。我们把原、副绕组电位瞬时极性相同的端点称为同极性端,也称为同名端,通常用符号"·"表示。

(2) 绕组的串联和并联

图1-5-14(a)中的1和3是同名端,当然2和4也是同名端。当电流从两个线圈的同名端流入(或流出)时,产生的磁通的方向相同;或者当磁通变化(增大或减小)时,在同名端感应电动势的极性也相同。在图1-5-14(b)和(c)中,绕组中的电流正在增大,感应电动势的极性(或方向)如图中所示。

在使用变压器或者其他有磁耦合的互感线圈时,要注意线圈的正确连接。譬如,一台变压器的原绕组有相同的两个绕组,如图1-5-14(a)中的1-2和3-4。当接到220 V的电源上时,两绕组应串联(假设两个绕组的额定电压都为110 V),如图1-5-14(b)所示;接到110 V的电源上时,两绕组应并联,如图1-5-14(c)所示。如果连接错误,串联时将2和4两端连在一起,将1和3两端接电源,这样,两个绕组的磁通势就互相抵消,铁芯中不产生磁通,绕组中也就没有感应电动势,绕组中将流过很大的电流,把变压器烧毁。

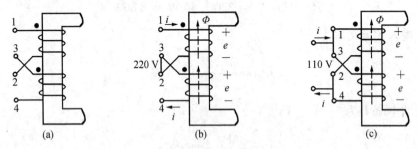

图1-5-14 变压器原绕组的串联和并联

如果将其中一个线圈反绕,如图1-5-15所示,则1和4两端应为同名端,串联时应将2和4两端连在一起。可见,哪两端是同名端,是和线圈绕向有关。只要知道了线圈绕向,同名端就不难确定。

(3) 同名端的判断

已制成的变压器、互感器等设备,通常都无法从外观上看出绕组的绕向,若使用时要知道它的同名端,便可用实验法测定它的同名端。

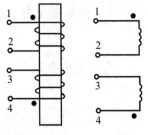

图1-5-15 线圈反绕

① 直流法。

将变压器的两个绕组按图1-5-16所示的方法连接,当开关S闭合瞬间,如电流表的指针正向偏转,则绕组A的1端和绕组B的3端为同名端,这是因为当不断增大的电流刚流进绕组A的1端时,1端的感应电动势极性为"+",而电流表正向偏转,说明绕组B的3端此时也为"+",所以1、3端为同名端。如电流表的指针反向偏转,则绕组A的1端和绕组B的4端为同名端。

② 交流法。

把变压器的两个绕组的任意两端连在一起(如 2 端和 4 端),在其中一个绕组(如 A 绕组)上接上一个较低的交流电压,如图 1-5-17 所示,再用交流电压表分别测量 U_{12}、U_{13} 和 U_{34},若 $U_{13}=U_{12}-U_{34}$,则 1 端和 3 端为同名端;若 $U_{13}=U_{12}+U_{34}$,则 1 端和 3 端为异名端(即 1 端和 4 端为同名端)。测量原理读者可自行分析。

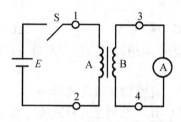
图 1-5-16　直流法测定同名端

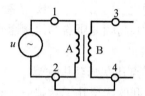
图 1-5-17　交流法测定同名端

习　题　五

一、判断题

1. 铁磁材料的磁导率和真空磁导率同样都是常数。(　　)
2. 磁滞现象引起的剩磁是十分有害的,没有什么利用价值,应尽量减小。(　　)
3. 变压器的一次绕组电流大小由电源决定,二次绕组电流的大小由负载决定。(　　)
4. 同一台变压器中,匝数少而粗的是高压绕组,多而细的是低压绕组。(　　)
5. 变压器一次、二次绕组的电压与匝数成正比,电流与匝数成反比。(　　)
6. 变压器是可以改变交流电压而不能改变频率的电气设备。(　　)
7. 变压器不能改变直流电压。(　　)
8. 铁芯用硅钢片叠成,而不用铁块是为了增强磁场。(　　)
9. 变压器二次绕组的额定电压是指额定负载时的输出电压。(　　)
10. 当变压器的铜损耗等于铁耗时,效率最高。(　　)

二、选择题

1. 磁化现象的正确解释(　　)。
   A. 磁畴在外磁场的作用下转向形成附加磁场
   B. 磁化过程是磁畴回到原始杂乱无章的状态
   C. 磁畴存在与否与磁化现象无关
   D. 各种材料的磁畴数目基本相同,只是有的不易于转向而形成附加磁场
2. 为减小剩磁,电器的铁芯应采用(　　)。
   A. 硬磁材料　　　　B. 软磁材料　　　　C. 矩磁材料　　　　D. 非磁材料
3. 对照电路和磁路欧姆定律发现(　　)。
   A. 电路和磁路欧姆定律都应用在线性状态
   B. 磁阻和电阻都是线性元件
   C. 磁阻和电阻都是非线性元件
   D. 磁阻是非线性元件,电阻是线性元件

4. 磁路计算时通常不直接应用磁路欧姆定律,其主要原因是( )。

    A. 磁阻计算较繁   B. 闭合磁路磁压之和不为零

    C. 磁阻不是常数   D. 磁路中有较多漏磁

5. 单项变压器的变比为 k,若一次绕组接入直流电压 U_1,则二次绕组电压为( )V。

    A. U_1/k B. 0   C. k_{U_1} D. ∞

6. 负载减小时,变压器的一次绕组电流将( )。

    A. 增大   B. 不变   C. 减小   D. 无法判断

7. 一般中、高频变压器的线圈匝数不多,用万用表欧姆挡测电阻进行测量时,其直流电阻在( )之间。

    A. 零点几欧姆至几欧姆   B. 几欧姆至十几欧姆

    C. 十几欧姆至几十欧姆   D. 几十欧姆至几百欧姆

8. 切断电源变压器的负载,接通电源,如果通电( )分钟后温升正常,说明变压器正常。

    A. 5~10   B. 10~15   C. 15~30   D. 30~60

9. 对于变压器的 U_{2N},叙述正确的是( )。

    A. 带额定负载的二次绕组电压

    B. 一次绕组加 U_{1N} 时的二次绕组空载电压

    C. 空载时的二次绕组电压

    D. 输出额定电压

10. 一次、二次绕组有电的联系的变压器是( )。

    A. 双绕组变压器   B. 三相变压器   C. 自耦变压器   D. 互感器

三、计算题

1. 已知某单相变压器额定容量为 500 VA,额定电压为 200 V/50 V,试求原、副绕组的额定电流各为多少?

2. 某单相变压器原绕组匝数为 440 匝,额定电压为 220 V,有两个副绕组,其额定电压分别为 110 V 和 44 V,设在 110 V 的副绕组接有 110 V、60 W 的白炽灯 11 盏,44 V 的副绕组接有 44 V、40 W 的白炽灯 11 盏,试求:(1) 两个副绕组的匝数各为多少?(2) 两个副绕组的电流及原绕组的电流各为多少?

3. 一个 $R_L = 8\ \Omega$ 的扬声器,通过一个匝数比 $N_1/N_2 = 5$ 的输出变压器进行阻抗变换后再接到电动势 $E = 10$ V、内阻 $R_0 = 200\ \Omega$ 的交流信号源上,求扬声器获得的交流功率 P(设输出变压器的效率为 80%)。

4. 在第 3 题中,若扬声器的 $R_L = 4\ \Omega$,为使扬声器获得最大功率,问输出变压器的匝数比约为多少?

模块六　电动机

实现机械能与电能相互转换的旋转机械称为电机。把机械能转换为电能的电机称为发电机，把电能转换为机械能的电机称为电动机。

电动机广泛应用于各种机械。生产机械由电动机驱动有很多优点：可以简化生产机械的结构，提高生产率和产品质量，能实现自动控制和远距离操纵，减轻繁重的体力劳动。电动机按电源的种类可分为交流电动机和直流电动机，交流电动机又分为异步电动机和同步电动机。其中异步电动机由于结构简单、运行可靠、维护方便、价格便宜，是所有电动机中应用最广泛的一种。例如一般的机床、起重机、传送带、鼓风机、水泵以及各种农副产品的加工等都普遍使用三相异步电动机，各种家用电器、医疗器械和许多小型机械则使用单相异步电动机。

项目一　三相异步电动机的结构和工作原理

1. 三相异步电动机的结构

三相异步电动机由两个基本部分组成：一是固定不动的部分，称为定子；二是旋转部分，称为转子。图 1-6-1 为三相异步电动机的外形和内部结构图。

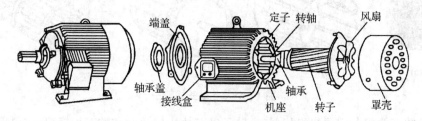

图 1-6-1　三相异步电动机的外形和内部结构图

（1）定子

定子由机座、定子铁芯、定子三相绕组和端盖等组成。机座通常用铸铁制成，机座内装有由相互绝缘的硅钢片叠成的筒形铁芯，铁芯内圆周上有许多均匀分布的槽，槽内嵌放三相绕组，绕组与铁芯间有良好的绝缘。三相绕组是定子的电路部分，中小型电动机一般采用漆包线（或丝包漆包线）绕制，共分三相，分布在定子铁芯槽内，它们在定子内圆周空间的排列彼此相隔120°，构成对称的三相绕组，三相绕组共有六个出线端，通常接在置于电动机外壳上的接线盒中，三相绕组的首端接头分别用 U_1、V_1 及 W_1 表示，其对应的末端接头分别 U_2、V_2 和 W_2 表示。三相绕组可以联接成星形或三角形，分别如图 1-6-2(a)、(b)所示。

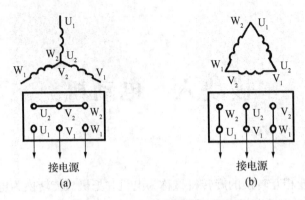

图 1-6-2　三相定子绕组的联接

(2) 转子

转子由铁芯、绕组、转轴和风扇等组成。转子铁芯为圆柱形,通常由定子铁芯冲片冲下的内圆硅钢片叠成,装在转轴上,转轴上加机械负载。转子铁芯与定子铁芯之间有微小的空气隙,它们共同组成电动机的磁路。转子铁芯外圆周上有许多均匀分布的槽,槽内安放转子绕组。

转子绕组分为鼠笼式和绕线式两种结构。鼠笼式转子绕组是由嵌在转子铁芯槽内的若干条铜条组成的,两端分别焊接在两个短接的端环上。如果去掉铁芯,整个转子绕组的外形就像一个鼠笼,故称鼠笼式转子。目前中、小型笼型异步电动机大都在转子铁芯槽中浇注铝液,铸成鼠笼式绕组,并在端环上铸出许多叶片,作为冷却的风扇。鼠笼式转子的结构如图 1-6-3 所示,其中图 1-6-3(a)为硅钢片,图 1-6-3(b)为鼠笼式绕组,图 1-6-3(c)为钢条转子,图 1-6-3(d)为铸铝转子。鼠笼式电动机由于构造简单,价格低廉,工作可靠,使用方便,在生产中得到了最广泛的应用。

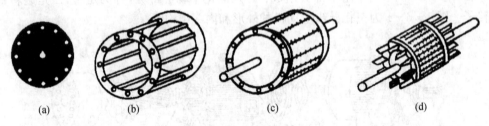

图 1-6-3　鼠笼式转子

绕线式转子绕组与定子绕组相似,在转子铁芯槽内嵌放对称的三相绕组,作星形联接。三个绕组的三个尾端连接在一起,三个首端分别接到装在转轴上的三个铜制集电环上。环与环之间,环与转轴之间都互相绝缘,集电环通过电刷与外电路的可变电阻器相连接,用于起动或调速,如图 1-6-4 所示。

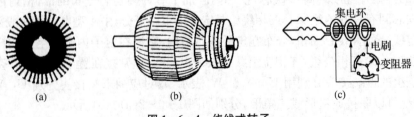

图 1-6-4　绕线式转子

其中，图 1 - 6 - 4(a)为硅钢片，图 1 - 6 - 4(b)为绕线式转子，图 1 - 6 - 4(c)为转子电路。绕线式转子异步电动机由于其结构复杂，价格较高，一般只用于对起动和调速有较高要求的场合，如立式车床、起重机等。

鼠笼式和绕线式电动机只是在转子的构造上不同，但它们的工作原理是一样的。

2. 三相异步电动机的工作原理

三相异步电动机是利用定子绕组中三相交流电流所产生的旋转磁场与转子绕组内的感应电流相互作用而产生电磁力和电磁转矩的。因此，我们先要分析旋转磁场的产生和特点，然后再讨论转子的转动。

（1）定子的旋转磁场

① 旋转磁场的产生。在定子铁芯的槽内按空间相隔 120°安放三个相同的绕组 U_1U_2、V_1 V_2 和 W_1W_2（为了便于说明问题，每相绕组只用一匝线圈表示），设它们作星形联接。当定子绕组的三个首端 U_1、V_1、W_1 分别与三相交流电源 A、B、C 接通时，在定子绕组中便有对称的三相交流电流 i_A、i_B、i_C 流过。

$$i_A = I_m \sin \omega t, i_B = I_m \sin(\omega t - 120°), \quad i_C = I_m \sin(\omega t + 120°) = I_m \sin(\omega t - 240°)$$

若电流参考方向如图 1 - 6 - 5(a)所示，即从首端 U_1、V_1、W_1 流入，从末端 U_2、V_2、W_2 流出，则三相电流的波形如图 1 - 6 - 5(b)所示，它们在相位上互差 120°，且电源电压的相序为 A—B—C。

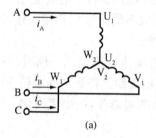

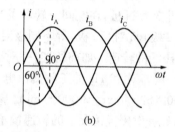

(a) （b）

图 1 - 6 - 5　三相对称电流

在 $\omega t = 0$ 时刻，i_A 为 0，U_1U_2 绕组此时无电流；i_B 为负，电流的真实方向与参考方向相反，即从末端 V_2 流入，从首端 V_1 流出；i_C 为正，电流的真实方向与参考方向一致，即从首端 W_1 流入，从末端 W_2 流出，如图 1 - 6 - 6(a)所示。将每相电流产生的磁场相加，便得出三相电流共同产生的合成磁场，这个合成磁场此刻在转子铁芯内部空间的方向是自上而下，相当于是一个 N 极在上，S 极在下的两极磁场。用同样的方法可画出 ωt 分别为 $\frac{\pi}{3}$、$\frac{\pi}{2}$ 时各相电流的流向及合成磁场的磁力线方向，如图 1 - 6 - 6(b)、(c)所示。若进一步研究其他瞬时的合成磁场可以发现，各瞬时的合成磁场的磁通大小和分布情况都相同，但方向各不相同，且向一个方向旋转。当正弦交流电变化一周时，合成磁场在空间也正好旋转了一周，合成磁场的磁通大小，就等于通过每相绕组的磁通最大值。

由上述分析可知，在定子绕组中分别通入在相位上互差 120°的三相交流电时，它们共同产生的合成磁场随电流的交变而在空间不断地旋转着，即所产生的合成磁场是一个旋转磁场。

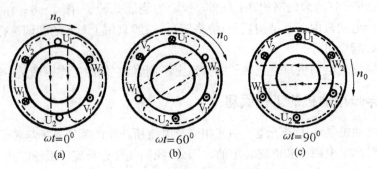

图 1-6-6　三相电流产生的旋转磁场($p=1$)

② 旋转磁场的方向。N 极从与电源 A 相联接的 U_1 出发,先转过与 B 相联接的 V_1,再转过与 C 相联接的 W_1,最后再回到 U_1。在三相交流电中,电流出现正幅值的顺序即电源的相序为 A—B—C,图 1-6-6 所示的情况表明旋转磁场的旋转方向与电源的相序相同,即旋转磁场在空间的旋转方向是由电源的相序决定的,图 1-6-6 所示情况的旋转磁场是按顺时针方向旋转的。

若把定子绕组与三相电源相联的三根导线中的任意两根对调位置,则旋转磁场将反向旋转。此时电源的相序仍为 A—B—C 不变,而通过三相定子绕组中电流的相序由 U—V—W 变为 U—W—V,则按前述同样分析可得出旋转磁场将按逆时针方向旋转。

③ 旋转磁场的极数。上述电动机每相只有一个线圈,在这种条件下所形成的旋转磁场只有一对 N、S 磁极(2 极)。如果每相设置两个线圈,则可形成两对 N、S 磁极(4 极)的旋转磁场,如图 1-6-7 和图 1-6-8 所示,用上面的分析方法不难证明,当电流变化一个周期时,N 极变为 S 极再变为 N 极,在空间只转动了半周。定子采取不同的结构和接法还可以获得 3 对(6 极)、4 对(8 极)、5 对(10 极)等不同极对数的旋转磁场。

④ 旋转磁场的转速。如前所述,一对磁极的旋转磁场当电流变化一周时,旋转磁场在空间正好转过一周。对 50 Hz 的工频交流电来说,旋转磁场每秒钟将在空间旋转 50 周。其转速 $n_1 = 60f_1 = 60 \times 50$ r/min = 3 000 r/min。若旋转磁场有两对磁极,则电流变化一周,旋转磁场只转过半周,比一对磁极情况下的转速慢了一半,即

$$n_1 = \frac{60}{2}f_1 = 30 \times 50 \text{ r/min} = 1\,500 \text{ r/min}$$

同理,在三对磁极的情况下,电流变化一周,旋转磁场仅旋转了 $\frac{1}{3}$ 周,即

$$n_1 = \frac{60}{3}f_1 = 20 \times 50 \text{ r/min} = 1\,000 \text{ r/min}。$$

依此类推当旋转磁场具有 p 对磁极时,旋转磁场转速(r/min)为

$$n_1 = \frac{60f_1}{p}$$

式中,p 为旋转磁场的磁极对数。

所以,旋转磁场的转速 n_1 又称同步转速,它与定子电流的频率 f_1(即电源频率)成正比,与旋转磁场的磁极对数成反比。

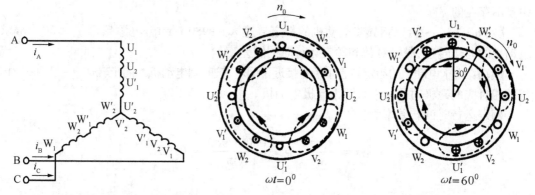

图1-6-7 产生四极旋转磁场的定子绕组　　图1-6-8 三相电流产生的旋转磁场（p＝2）

（2）转子的转动原理

设某瞬间定子电流产生的旋转磁场如图1-6-9所示，图中N,S表示两极旋转磁场，转子中只画出两根导条（铜或铝）。当旋转磁场以同步转速 n_1 按顺时针方向旋转时，与静止的转子之间有着相对运动，这相当于磁场静止而转子导体朝逆时针方向切割磁力线，于是在转子导体中就会产生感应电动势 E_2，其方向可用右手定则来确定。由于转子电路通过短接端环（绕线转子通过外接电阻）自行闭合，所以在感应电动势作用下将产生转子电流 I_2（图1-6-9中仅画出上、下两根导线中的电流）。通有电流 I_2 的转子导体因处于磁场中，又会与磁场相互作用产生磁场力 F，根据左手定则，便可确定转子导体所受磁场力的方向。电磁力对转轴将产生电磁转矩 T，其方向与旋转磁场的方向一致，于是转子就顺着旋转磁场的方向转动起来。

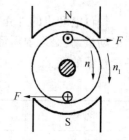

图1-6-9 转子转动
的原理图

由上述分析还可知道，异步电动机的转动方向总是与旋转磁场的转动方向相同，如果旋转磁场反转，则转子也随着反转。因此，若要改变三相异步电动机的旋转方向，只需把定子绕组与三相电源连接的三根导线对调任意两根就可以改变电源的相序，即改变旋转磁场的转向便可。

由以上分析可知，异步电动机转子转动的方向与旋转磁场的方向一致，但转速 n 不可能与旋转磁场的转速 n_1 相等，因为产生电磁转矩需要转子中存在感应电动势和感应电流，如果转子转速与旋转磁场转速相等，两者之间就没有相对运动，磁力线就不切割转子导体，则转子电动势、转子电流及电磁转矩都不存在，转子也就不可能继续以 n 的转速转动。所以转子转速与旋转磁场转速之间必须有差值，即 $n<n_1$。这就是"异步"电动机名称的由来。另外，又因为转子电流是由电磁感应产生的，所以异步电动机也称为"感应"电动机。

同步转速 n_1 与转子转速 n 之差称为转速差，转速差与同步转速的比值称为转差率，用 s 表示，即

$$s = \frac{n_1 - n}{n_1}$$

转差率是分析异步电动机运行情况的一个重要参数。例如起动时 $n=0$，$s=1$，转差率最大；稳定运行时 n 接近 n_1，s 很小，额定运行时 s 为 $0.02\sim0.06$，空载时在 0.005 以下；若转子的转速等于同步转速，即 $n=n_1$，则 $s=0$，这种情况称为理想空载状态，在异步电动机实际运行

中是不存在的。

【例6-1】 一台三相异步电动机的额定转速 $n_N = 980$ r/min,电源频率 $f_1 = 50$ Hz,求该电动机的同步转速、磁极对数和额定运行时的转差率。

【解】：由于电动机的额定转速小于且接近于同步转速,则电动机的同步转速 $n_1 = 1\ 000$ r/min,与此相对应的磁极对数 $p = 3$,即为6极电动机。

额定运行时的转差率为：

$$s = \frac{n_1 - n}{n_1} = \frac{1\ 000 - 980}{1\ 000} = 0.02$$

项目二　三相异步电动机的使用

1. 三相异步电动机的铭牌数据

每台电动机的外壳上都附有一块铭牌,上面打印着这台电动机的一些基本数据,要正确使用电动机,就必须要看懂铭牌。现以表1-6-1所示Y132M-4型电动机为例,来说明铭牌上各个数据的意义。

表1-6-1　三相异步电动机的铭牌数据

型号	Y132M-4	联接	△
功率	7.5 kW	工作方式	S1
电压	380 V	绝缘等级	B级
电流	15.4 A	转速	1 440 r/min
频率	50 Hz	编号	

××电机厂　　出厂日期

铭牌数据的含义如下：

(1) 型号

Y132M-4

Y—(鼠笼式)转子异步电动机(YR表示绕线式转子异步电动机)；

132—机座中心高为132 mm；

M—中机座(S表示短机座,L表示长机座)；

4—4极电动机,磁极对数为2。

(2) 电压

该电压是指电动机定子绕组应加的线电压有效值,即电动机的额定电压。Y系列三相异步电动机的额定电压统一为380 V。

有的电动机铭牌上标有两种电压值,如380/220 V,是对应于定子绕组采用Y/△两种联接时应加的线电压有效值。

(3) 频率

该频率是指电动机所用交流电源的频率,我国电力系统规定为50 Hz。

（4）功率

该功率是指在额定电压、额定频率下满载运行时电动机轴上输出的机械功率，即额定功率，又称为额定容量。

（5）电流

该电流是指电动机在额定运行（即在额定电压、额定频率下输出额定功率）时，定子绕组的线电流有效值，即额定电流。标有两种额定电压的电动机相应标有两种额定电流值。

（6）联接

联接是指电动机在额定电压下，三相定子绕组应采用的联接方法。Y 系列三相异步电动机规定额定功率在 3 kW 及以下的为 Y 联接，4 kW 及以上的为 △ 联接。

铭牌上标有两种电压、两种电流的电动机，应同时标明 Y/△ 两种联接。

（7）基本工作方式

S1 表示连续工作，允许在额定情况下连续长期运行，如水泵、通风机和机床等设备所用的异步电动机。

S2 表示短时工作，是指电动机工作时间短（在运转期间，电动机未达到允许温升）、而停车时间长（足以使电动机冷却到接近周围媒质的温度）的工作方式，例如水坝闸门的启闭，机床中尾架、横梁的移动和夹紧等。

S3 表示断续周期工作，又叫重复短时工作，是指电动机运行与停车交替的工作方式，如起重机等。

工作方式为短时和断续的电动机若以连续方式工作时，必须相应减轻其负载，否则电动机将因过热而损坏。

（8）绝缘等级

绝缘等级是按电动机所用绝缘材料允许的最高温度来分级的，有 A、E、B、F、H、C 等几个等级，如表 1-6-2 所示。目前一般电动机采用较多的是 E 级绝缘和 B 级绝缘。

表 1-6-2　三相异步电动机的绝缘等级

绝缘等级	A	E	B	F	H	C
最高允许温度/℃	105	120	130	155	180	>180

在规定的温度以内，绝缘材料能保证电动机在一定期限内（一般为 15～20 年）可靠地工作，如果超过上述温度，绝缘材料的寿命将大大缩短。

（9）转速

由于生产机械对转速的要求不同，因此需要生产不同磁极数的异步电动机，所以有不同的转速等级。最常用的是四极电动机，即 $n_1 = 1\,500$ r/min。

在使用和选用电动机时，除了要了解其铭牌数据外，有时还要了解它的其他一些数据，如额定功率因数、额定效率 η 等参数，一般可从产品资料和电工手册中查到。

2. 起动、调速、反转和制动

（1）起动

电动机的起动就是把电动机的定子绕组与电源接通，使电动机的转子由静止加速到以一定转速稳定运行的过程。

异步电动机在起动的瞬间,其转速 $n=0$,转差率 $s=1$,转子电流达到最大值,和变压器一样,定子电流也达到最大值,为额定电流的 4～7 倍。由转矩 $T=K_T\Phi I_2\cos\varphi_2$ 的关系可知,鼠笼式异步电动机的起动电流虽大,但由于起动时转子电路的功率因数很低,故起动转矩并不大,一般起动系数只有 0.8～2。

电动机起动电流虽然大,但由于起动时间很短,从发热角度考虑没有问题,但若起动频繁时,由于热量的积累,可能使电动机过热,所以在实际操作时应尽可能不让电动机频繁起动;从另一方面考虑,电动机起动电流大时,在输电线路上造成的电压降也大,还可能会影响同一电网中其他负载的正常工作,例如使其他电动机的转矩减小,转速降低,甚至造成堵转,或使荧光灯熄灭等。电动机起动转矩小,则起动时间较长,或不能在满载情况下起动。由于异步电动机的起动电流大而起动转矩较小,故常采取一些措施来减小起动电流,增大起动转矩。

鼠笼式异步电动机的起动方法通常有以下几种。

① 直接起动。

直接起动就是将额定电压直接加到定子绕组上使电动机起动,又叫全压起动。直接起动的优点是设备简单、操作方便、起动过程短。只要电网的容量允许,应尽量采用直接起动。例如,容量在 10 kW 以下的三相异步电动机一般都采用直接起动。一台电动机是否允许直接起动,各地电力部门都有规定。例如,用电单位有独立的变压器,则在电动机起动频繁时,电动机容量小于变压器容量的 20% 时可直接起动;若电动机起动不频繁时,它的容量小于变压器容量的 30% 时可直接起动;如果没有独立的变压器(与照明共用),则电动机直接起动时所产生的电压降不超过 5% 时可直接起动。

此外,也可用经验公式来确定,若满足下列公式,则电动机可以直接起动

$$\frac{\text{直接起动的起动电流}}{\text{电动机额定电流(A)}}\leqslant\frac{3}{4}+\frac{\text{电源变压器总容量(kVA)}}{4\times\text{电动机功率(kW)}}$$

② 降压起动。

如果鼠笼式异步电动机的额定功率超出了允许直接起动的范围,则应采用降压起动。所谓降压起动,就是借助起动设备将电源电压适当降低后加在定子绕组上进行起动,待电动机转速升高到接近稳定时,再使电压恢复到额定值,转入正常运行。

降压起动时,由于电压降低,电动机每极磁通量减小,故转子电动势、电流以及定子电流均减小,避免了电网电压的显著下降。但由于电磁转矩与定子电压的平方成正比,因此降压起动时的起动转矩将大大减小,一般只能在电动机空载或轻载的情况下起动,起动完毕后再加上机械负载。

目前常用的降压起动方法有 3 种:

a. Y-△ 降压起动。Y-△ 起动就是把正常工作时定子绕组为三角形联接的电动机,在起动时接成星形,待电动机转速上升后,再换接成三角形。这样,在起动时就把定子每相绕组上的电压降到正常工作电压的 $\frac{1}{\sqrt{3}}$。

图 1-6-10(a)、(b)分别为定子绕组的星形联接和三角形联接,Z 为起动时每相绕组的等效阻抗。

当定子绕组接成星形,即降压起动时,$I_{LY}=I_{PY}=\dfrac{U_L}{\sqrt{3}\,|Z|}$;

当定子绕组接成三角形,即直接起动时,$I_{L\triangle}=\sqrt{3}\,I_{P\triangle}=\sqrt{3}\,\dfrac{U_L}{|Z|}$;

所以,用 Y-△ 降压起动时的电流为直接起动时的 $\dfrac{1}{3}$,即 $I_{LY}=\dfrac{1}{3}I_{L\triangle}$。

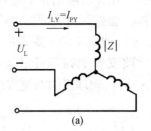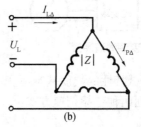

图 1-6-10　定子绕组的两种联接法

这种换接起动可采用 Y-△ 起动器来实现。Y-△ 起动器设备简单,体积小,成本低,寿命长,工作可靠,但只适用于正常工作时为 △ 联接的电动机,目前 Y 系列异步电动机额定功率在 4 kW 及其以上的均设计成 380 V 三角形联接。

b. 自耦变压器降压起动。自耦变压器降压起动时,三相交流电源接入自耦变压器的原绕组,而电动机的定子绕组则接到自耦变压器的副绕组,这时电动机得到的电压低于电源电压,因而减小了起动电流。待电动机转速升高接近稳定时,再切除自耦变压器,让定子绕组直接与电源相连。

自耦变压器备有不同的抽头,以便得到不同的电压(例如,电源电压的 73%、64%、55% 或 80%、60%、40% 两种)根据对起动转矩的要求而选用。

自耦变压器降压起动时,电动机定子电压降为直接起动时的 $\dfrac{1}{K_u}$(K_u 为电压比),定子电流(即变压器副绕组电流)也降为直接起动时的 $\dfrac{1}{K_u}$,因而变压器原绕组电流则要降为直接起动时的 $\dfrac{1}{K_u^2}$;由于电磁转矩与外加电压的平方成正比,故起动转矩也降低为直接起动时的 $\dfrac{1}{K_u^2}$。

自耦变压器降压起动的优点是起动电压可根据需要选择,但设备较笨重,一般只用于功率较大和不能用 Y-△ 起动的电动机。

c. 软起动。软起动是近年来随着电力电子技术的发展而出现的新技术,起动时通过软起动器(一种晶闸管调压装置)使电压从某一较低值逐渐上升至额定值,起动完毕后再用旁路接触器(一种电磁开关)使电动机正常运行。

在软起动过程中,电压平稳上升的同时,起动电流被限制在 $(150\% \sim 200\%)I_N$ 以下,这样就减小甚至消除了电动机起动时对电网电压的影响。

(2) 调速

调速是指在电动机负载不变的情况下,人为地改变电动机的转速,以满足生产过程的要

求。由于异步电动机的转速可表示为

$$n = (1-s)n_1 = (1-s)\frac{60f_1}{p}$$

可见异步电动机可以通过改变电源频率 f_1、磁极对数 p 和转差率 s 三种方法来实现调速。

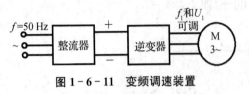

图 1-6-11　变频调速装置

① 变频调速。

改变三相异步电动机的电源频率,可以得到平滑的调速。变频调速需要一套专用的变频设备,如图 1-6-11 所示,它主要是由整流器和逆变器组成。连续改变电源频率可以实现大范围的无级调速,而且电动机的机械特性的硬度基本不变,这是一种比较理想的调速方法,并得到越来越多的应用。通常有下列两种变频调速方式:

a. 在 $f_1 < f_{1N}$,即低于额定转速调速时,应保持 $\dfrac{U_1}{f_1}$ 比值不变,由 $U_1 \approx 4.44K_1N_1f_1\Phi$ 和 $T = K_T\Phi I_2\cos\varphi_2$ 可知,此时 Φ 和 T 都近似不变,即恒转矩调速。若把转速调低时 $U_1 = U_{1N}$ 保持不变,在减小 f_1 时,Φ 则将增加,这就会使磁路饱和,从而增加励磁电流和铁损,导致电动机过热,因此是不允许的。

b. 在 $f_1 > f_{1N}$,即高于额定转速调速时,应保持 $U_1 \approx U_{1N}$,此时 Φ 和 T 都将减小,转速增大,转矩减小,将使功率近于保持不变,即恒功率调速。若把转速调高时 $\dfrac{U_1}{f_1}$ 保持不变,在增加 f_1 时 U_1 也将增加,U_1 将超过额定电压,因此也是不允许的。

频率的调节范围一般为 0.5～320 Hz。目前在国内由于逆变器中的开关元件(可关断晶闸管、大功率晶体管和功率场效应管等)的制造水平不断提高,电动机的变频调速技术的应用也就日益广泛。

② 变极调速。

改变异步电动机定子绕组的联接,可以改变磁极对数,从而得到不同的转速。由于磁极对数 p 只能成倍地变化,所以这种调速方法不能实现无级调速。为了得到更多的转速,可在定子上安装两套三相绕组,每套都可以改变磁极对数,采用适当的联接方式,就有三种或四种不同的转速。这种可以改变磁极对数的异步电动机称为多速电动机。

变极调速虽然不能实现平滑无级调速,但它比较简单、经济,在金属切削机床上常被用来扩大齿轮箱调速的范围。

③ 变转差率调速。

变转差率调速是在不改变同步转速 n_1 条件下的调速,是通过转子电路中串接调速电阻(和起动电阻一样接入)来实现的,通常只用于绕线式转子异步电动机。【转子电路串接的电阻越大,转差率 s 上升,则转速 n 下降,此时 T_{max} 是否改变?】变转差率调速方法简单,调速平滑,但由于一部分功率消耗在变阻器内,使电动机的效率降低,而且转速太低时机械特性很软,运行不稳定。这种调速方法广泛应用于大型的起重设备中。

(3) 反转

三相异步电动机的转子转向取决于旋转磁场的转向。因此,要使电动机反转,只要将接在定子绕组上的三根电源线中的任意两根对调,即改变电动机电流的相序,使旋转磁场反向,电动机也就反转。

(4) 制动

当电动机的定子绕组断电后,转子及拖动系统因惯性作用,总要经过一段时间才能停转。但某些生产机械要求能迅速停机,以便缩短辅助工时,提高生产机械的生产率和安全度,为此需要对电动机进行制动,也就是使转子上的转矩与其旋转方向相反,即为制动转矩。

制动方法有机械制动和电气制动两类。

机械制动通常利用电磁铁制成的电磁制动器来实现。电动机起时电磁制动器线圈同时通电,电磁铁吸合,使制动闸瓦松开;电动机断电时,制动器线圈同时断电,电磁铁释放,在弹簧作用下,制动闸瓦把电动机转子紧紧抱住,实现制动。起重机械采用这种方法制动不但提高了生产效率,还可以防止在工作过程中因突然断电使重物落下而造成的事故。

电气制动是在电动机转子导体内产生制动电磁转矩来制动。常用的电气制动方法有以下几种。

① 能耗制动。

切断电动机电源后,把转子及拖动系统的动能转换为电能在转子电路中以热能形式迅速消耗掉的制动方法,称为能耗制动。其实施方法是在定子绕组切断三相电源后,立即通入直流电,电路如图 1-6-12 所示,这时在定子与转子之间形成固定的磁场。设转子因机械惯性按顺时针方向旋转,根据右手定则和左手定则不难确定这时的转子电流与固定磁场相互作用产生的电磁转矩为逆时针方向,所以是制动转矩。在此制动转矩作用下,电动机将迅速停转。制动转矩的大小

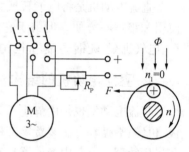

图 1-6-12 能耗制动

与通入定子绕组直流电流的大小有关,可通过调节电阻 R_P 的值来控制,直流电流的大小一般为电动机额定电流的 0.5~1 倍。电动机停转后,转子与磁场相对静止,制动转矩也随之消失,这时应把制动直流电源断开,以节约电能。

能耗制动的优点是制动平稳、消耗电能少,但需要有直流电源。目前在一些金属切削机床中常采用这种制动方法。在一些重型机床中还将能耗制动与电磁制动器配合使用。先进行能耗制动,待转速降至某值时,再令制动器动作,可以有效地实现准确快速地停车。

② 反接制动。

改变电动机三相电流的相序,把电动机与电源联接的三根导线任意对调两根,使电动机的旋转磁场反转的制动方法称为反接制动。反接制动电路如图 1-6-13 所示,转子由于惯性仍在原方向转动,由于受反向旋转磁场作用,转子感应电动势、感应电流、电磁力都反向,所以此时产生的电磁转矩方向与电动机的转动方向相反,因而起制动作用。当电动机转速接近于零时,再把电源切断,否则电动机将会反转。

在反接制动时,由于旋转磁场与转子的相对速度 (n_1+n) 很大,转差率 $s>1$,因此电流很大。为了限制电流及调整制动转矩的大小,常在定子电路(鼠笼式)或转子电路(绕线式)中串接适当的电阻。反接制动不需另备直流电源,比较简单,且制动转矩

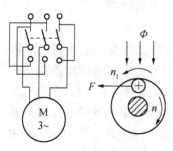

图 1-6-13 反接制动

较大,停机迅速,效果较好,但机械冲击和耗能也较大,会影响加工的精度,所以使用范围受到一定限制,通常用于起动不频繁、功率小于 10 kW 的中、小型机床及辅助性的电力拖动中。

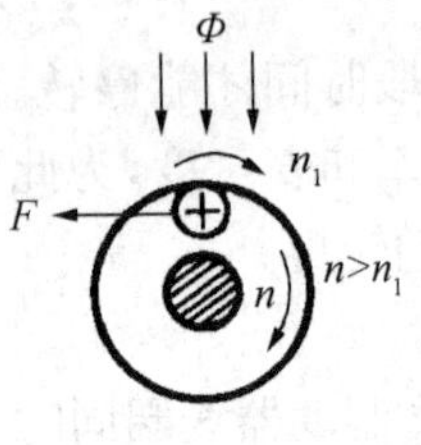

③ 发电反馈制动。

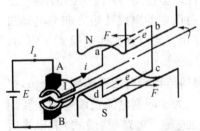

图1-6-14 发电反馈制动

电动机运行中,当转子的转速 n 超过旋转磁场的转速 n_1 时,此时电动机犹如一个感应发电机,由于旋转磁场的方向未变,而 $n>n_1$,所以转子切割磁场改变了方向,转子产生的感应电动势和感应电流方向也变了,相应的电磁转矩也为制动转矩,如图1-6-14所示。此时电动机将机械能变成电能反馈给电网。发电反馈制动是一种比较经济的制动方法,且制动节能效果好,但使用范围较窄,只有当电动机的转速大于同步转速时,才有制动力矩出现。一般在起重放下重物时和多速电动机从高速变为低速时使用。

*项目三 直流电动机

直流电动机是将电能转换为机械能的装置,它比三相异步电动机的结构复杂,价格昂贵,使用和维护不方便。但由于它的起动转矩大、调速范围宽且具有平滑的调速性能,因此在电车、电气机车、轧钢机、起重机构、电力牵引设备以及龙门刨床等方面获得广泛应用。

1. 直流电动机的结构

直流电动机也是由静止不动的定子和旋转的转子两部分组成。定子包括主磁极、换向磁极、机座、端盖和电刷装置等部件。转子通称为电枢,其包括电枢铁芯、电枢绕组、换向器、转轴和风扇等部件。其中换向器是直流电动机中的一种特殊装置,又称为整流子,它由许多楔形铜片组成,片间用云母或其他垫片绝缘,外表呈圆柱形,装在转轴上。换向铜片放置在套筒上用压圈固定,并用螺帽紧固。换向器装在转轴上,换向铜片按一定规律与电枢绕组的线圈连接,在换向器的表面压着电刷,使旋转的电枢绕组与静止的外电路相通,以引入直流电。如图1-6-15所示为直流电动机的组成部分。

图1-6-15 直流电动机的组成部分

2. 直流电动机的工作原理

直流电动机的工作原理与所有电机一样,也是建立在电磁力和电磁感应基础上的,图1-6-16为最简单的直流电动机工作原理图。

（1）转动原理

在图1-6-16中,N 极和 S 极是直流电动机一对固定的主磁极磁场的两个磁极(由直流电流通过励磁绕组而产生的),在 N 极和 S 极之间是可以转动的电枢,图中只画出了电枢绕组的一个线圈 abcd,因而对应的换向片也只需两个半圆形的铜环 1 和 2。线圈两端分别与两块换向片相连,换向片上压着两个与外电路接通的电刷 A 和 B。

图1-6-16 直流电动机工作原理图

当直流电压如图 1-6-16 所示加在电刷两端时,直流电流经电刷 A、换向片 1、线圈 abcd、换向片 2 和电刷 B 形成回路,电流方向为 A—a—b—c—d—B。线圈 ab 边和 cd 边将在磁场中受到电磁力 F 的作用。受力方向可根据磁场方向和导体中电流方向由左手定则确定,即 ab 边受力方向指向左,cd 边受力方向指向右。这两个电磁力对转轴产生的电磁转矩将驱动电枢按逆时针方向旋转。

随着电枢的旋转,线圈经过半周后,线圈的 ab 边从 N 极处转至 S 极处,换向片 1 脱离电刷 A 而与电刷 B 接触;同时 cd 边从 S 极处转至 N 极处,换向片 2 脱离电刷 B 而与电刷 A 接触。这时,流经线圈的电流方向反了,电流方向为 A—d—c—b—a—B。但处于 N 极处的导体中电流方向始终向里,电磁力 F 的方向仍指向左;处于 S 极处的导体中电流方向始终向外;电磁力 F 的方向仍指向右。因此电磁转矩和方向仍保持不变,使电枢能连续按逆时针方向旋转。由此可见,换向器和电刷的作用就是及时改变电流在绕组中的流向,保证作用于电枢的电磁转矩的方向始终一致,使直流电动机能按一定方向连续旋转。

（2）电磁转矩和电枢电动势

直流电动机的电磁转矩是由电枢绕组通入直流电流后在磁场中受力而形成的。根据电磁力公式,每根导体所受电磁力 $F=BIL$,其方向由左手定则确定。对于给定的电动机,磁感应强度 B 与每个磁极的磁通 Φ 成正比,导体电流 I 与电枢电流 I_a 成正比,而导线在磁极磁场中的有效长度 L 及转子半径等都是固定的,取决于电动机的结构,因此直流电动机的电磁转矩 T 的大小可表示为

$$T = C_T \Phi I_a$$

式中,C_T 为转矩常数,它与电动机的结构有关;Φ 为每极磁通;I_a 为电枢电流。电磁转矩的方向由 Φ 和 I_a 的方向决定。

当电枢转动时,电枢绕组中的导体不断切割磁力线如图 1-6-17 所示。该电动势的方向与电枢电流的方向相反,在电路中起着限制电流的作用,因而称为反电动势。对于给定的电动机,磁感应强度 B 与每极磁通 Φ 成正比,导体的运动速度 v 与电枢的转速 n 成正比,而导体的有效长度 L 和绕组匝数都是常数,因此直流电动机两电刷间总的电枢电动势的大小可表示为

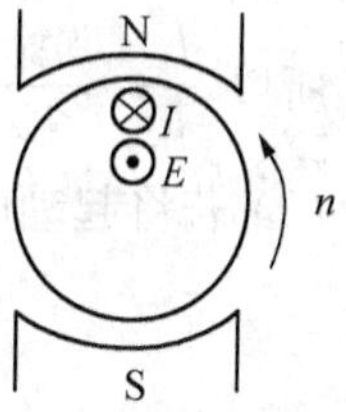

图 1-6-17 电枢电动势和电流图

$$E_a = C_E \Phi n$$

式中,C_E 为电动势常数,它与电动机的结构有关;Φ 为每极磁通;n 为电动机转速。

3. 直流电动机的使用

（1）起动

在直流电动机刚接通电源进行起动的瞬间,转速 $n=0$,感应电动势 $E_a=C_E\Phi n=0$,由欧姆定律可知,起动瞬间的电枢电流为

$$I_{st} = \frac{U_a - E_a}{R_a} = \frac{U_a}{R_a}$$

由于 R_a 很小,所以起动电流的数值高达额定电流的十几倍。这样大的电流不仅对供电电

源是一个很大的冲击,而且还会在换向器与电刷之间产生强烈的火花,将换向器烧毁,损坏电动机。另外,很大的起动电流将产生很大的起动转矩,使被驱动的机械遭受很大冲击力,也有可能损坏传动机构和生产机械。所以,直流电动机是不允许直接起动的。

由上式可知,限制起动电流的方法有两种:降低电枢电压 U_a 和增大电枢电路的电阻 R_a。降低电枢电压起动,随着转速的升高使电源电压逐渐升高到额定值,这种方法只适用于他励电动机,且需要有一个大小可调节的直流电源专供电枢电路用;对于并励、串励和复励电动机,一般都采用在电枢电路内串联起动电阻 R_{st} 的方法进行起动,随着转速的升高将起动电阻逐渐减小到零。为了减小起动电流、不影响换向器的正常工作,又保持一定的起动转矩,通常限制起动电流在额定电流的 1.5~2.5 倍的范围内。即

$$I_{st} = \frac{U_a}{R_a + R_{st}} = (1.5 \sim 2.5)I_N$$

必须注意,直流电动机在起动时,励磁电路必须可靠联接,不允许开路。否则励磁电流为零,磁路中只有很小的剩磁,即 $\Phi \approx 0$,则起动转矩 $T = C_T \Phi I_a \approx 0$,将不能起动,这时电流很大,可能会烧坏电动机。另外,直流电动机在工作时也不允许励磁电路开路,如果是有载运行,会使它堵转,同样产生很大电流;如果是空载运行,它的转速将上升到很高,会出现"飞车"现象,危及设备和操作人员的安全。

【例 6-2】　有一台他励电动机,已知额定电压为 110 V,额定电流为 22 A,电枢电阻 0.5 Ω,试求:(1) 如果直接起动,起动电流是额定电流的几倍?(2) 若要将起动电流限制为额定电流的 2 倍,应选多大的起动电阻?

【解】：(1) 直接起动时：$I_{st} = \dfrac{U_a}{R_a} = \dfrac{110}{0.5} \text{A} = 220 \text{ A}$

所以,$\dfrac{I_{st}}{I_N} = \dfrac{220}{22} = 10$（倍）

(2) 若将起动电流限制为额定电流的 2 倍,则

$$\frac{U_a}{R_a + R_{st}} = 2I_N$$

于是求得起动电阻为：

$$R_{st} = \frac{U_a}{2I_N} - R_a = \left(\frac{110}{2 \times 22} - 0.5\right)\Omega = 2 \ \Omega$$

(2) 反转

要改变电动机的旋转方向,就必须改变电磁转矩的方向。直流电动机的电磁转矩方向是由磁通 Φ 的方向和电枢电流 I_a 的方向决定的,因此只要改变励磁电流 I_f 的方向或电枢电流 I_a 的方向,两者任取其一便可使直流电动机反转。通常是改变电枢电流的方向,即把电枢电路的两条端线互换一下。

(3) 调速

由直流电动机的机械特性公式 $n = \dfrac{U_a}{C_E \Phi} - \dfrac{R_a}{C_E C_T \Phi^2}T$ 可知,改变电枢电路的电阻 R_a、改变

磁极磁通 Φ 或改变电枢电压 U_a 都可以改变直流电动机的转速。

【例 6-3】 有一台并励电动机,已知 $U_N=110$ V, $I_a=1$ A, $n_N=3\,000$ r/min, $R_a=20$ Ω,在负载转矩不变的条件下,求:

(1) 如励磁电流不变,用调压法将额定电枢电压降低一半,电动机转速降为多少?

(2) 如电枢电压不变,将额定运行时的励磁电流减小 10%,则电动机的转速如何变化?

【解】:(1) 由于负载转矩和励磁都不变,故调速时电枢电流不变。

则额定电枢电压降低后的转速 n' 与额定转速 n_N 之比为

$$\frac{n'}{n_N}=\frac{\dfrac{E'}{C_E\Phi'}}{\dfrac{E}{C_E\Phi}}=\frac{E'}{E}=\frac{U'-R_aI_a'}{U-R_aI_a}=\frac{55-20\times1}{110-20\times1}=0.39$$

即电动机转速降为原来的 39%。

(2) 由于励磁电流减小 10%,则 $\Phi''=0.9\Phi$,所以要使负载转矩不变,则 I_a 必须增大到 I_a'',

即: $T=C_T\Phi I_a=C_T\Phi''I_a''$,故可得: $I_a''=\dfrac{\Phi}{\Phi''}I_a=\dfrac{1}{0.9}\times1$ A $=1.11$ A

故额定电枢电压降低后的转速 n'' 与额定转速 n_N 之比为

$$\frac{n''}{n_N}=\frac{\dfrac{E''}{C_E\Phi''}}{\dfrac{E}{C_E\Phi}}=\frac{E''\Phi}{E\Phi''}=\frac{(U-R_aI_a'')\Phi}{(U-R_aI_a)\Phi''}=\frac{(110-20\times1.11)\times1}{(110-20\times1)\times0.9}=1.08$$

即电动机转速增加了 8%。

习 题 六

一、判断题

1. 三相交流异步电动机的转子部分是由转子铁芯和转子绕组两部分组成的。( )

2. 电动机的额定功率是指电动机输出的功率。( )

3. 按三相交流异步电动机转子的结构形式可把异步电动机分为笼型和绕线型两类。( )

4. 三相交流异步电动机转子绕组的电流是由电磁感应产生的。( )

5. 三相交流异步电动机的额定电压是指加于定子绕组上的相电压。( )

6. 单相电动机可分为两类,即电容启动式和电容运转式。( )

7. 电容启动式是单相交流异步电动机常用的启动方法之一。( )

8. 单相电容式异步电动机启动绕组中串联一个电容器。( )

9. 改变单相交流异步电动机转向的方法是:将任意一个绕组的两个接线端换接。( )

10. 单相绕组通入正弦交流电后不能产生旋转磁场。( )

二、选择题

1. 电动机的定额是指( )。

　　A. 额定电流　　　　　　　　　　　　B. 额定功率

　　C. 额定电压　　　　　　　　　　　　D. 允许的运行方式

2. 三相交流异步电动机对称的三相绕组在空间位置上应彼此相差(　　　)。

　　A. 60°电角度　　　B. 120°电角度　　　C. 180°电角度　　　D. 360°电角度

3. 三相交流异步电动机的额定转速(　　　)。

　　A. 小于同步转速　　B. 大于同步转速　　C. 等于同步转速　　D. 小于转差率

4. 三相交流异步电动机的旋转速度跟(　　　)无关。

　　A. 旋转磁场的转速　　　　　　　　　B. 磁极数

　　C. 电源频率　　　　　　　　　　　　D. 电源电压

5. 三相交流异步电动机旋转磁场的方向与(　　　)有关。

　　A. 磁极对数　　　　B. 绕组的连接方式　　C. 绕组的匝数　　　D. 电源的相序

6. 单相电容启动式异步电动机中的电容应(　　　)。

　　A. 并联在启动绕组两端　　　　　　　B. 串联在启动绕组两端

　　C. 并联在运行绕组两端　　　　　　　D. 串联在运行绕组两端

7. 单相交流异步电动机定子绕组加单相电源后,在电动机内产生(　　　)磁场。

　　A. 脉动　　　　　　B. 旋动　　　　　　C. 静止　　　　　　D. 无

8. 三相交流异步电动机启动瞬间,转差率为(　　　)。

　　A. $s=0$　　　　　B. $s=s_N$　　　　　C. $s=1$　　　　　D. $s>1$

9. 三相交流异步电动机的额定功率是指(　　　)。

　　A. 输入的视在功率　　　　　　　　　B. 输入的有功功率

　　C. 电磁功率　　　　　　　　　　　　D. 电枢中的电磁功率

10. 三相交流异步电动机机械负载加重时,其转子转速将(　　　)。

　　A. 升高　　　　　　B. 降低　　　　　　C. 不变　　　　　　D. 不一定

三、计算题

1. 两台三相异步电动机的电源频率为 50 Hz,额定转速分别为 1 440 r/min 和 2 910 r/min,试求它们的磁极对数、额定转差率分别是多少?

2. 有一他励电动机,$R_a=0.7\ \Omega$,当电枢电压为 220 V 时,电枢电流为 53.8 A,转速为 1 500 r/min,现将电枢电压降低一半而负载转矩不变,并设励磁电流保持不变,问转速降低了多少?

3. 已知并励直流电动机的额定功率 $P_N=2.2\ kW$,额定电压 $U_N=220\ V$,额定电流 $I_N=12.5\ A$,额定转速 $n_N=1\ 500\ r/min$,电枢电阻 $R_a=1.5\ \Omega$,试问:(1) 若直接起动,起动电流是额定电流的多少倍?(2) 若要起动电流不超过额定电流的 2 倍,电枢电路中应串入多大起动电阻?

4. 已知他励电动机的额定功率 $P_N=22\ kW$,额定电压 $U_N=220\ V$,额定电流 $I_N=115\ A$,额定转速 $n_N=1\ 500\ r/min$,电枢电路总电阻 $R_a=0.1\ \Omega$,电动机带额定负载运行时,要把转速降低到 1 000 r/min,试计算:(1) 采用电枢串电阻的方法调速,应串入多大的电阻?(2) 采用降低电源电压的方法调速,应把电源电压降到多少?

模块七　常用低压电器与控制电路

模块六讨论了异步电动机的起动、调速、反转和制动。通常,为了保证生产过程和加工工艺合乎预定的要求,使生产机械各部件的动作按顺序进行,就需要在生产过程中实现对电动机的自动控制。目前在国内的电动机自动控制系统中,还较多地采用继电器、接触器等有触点的自动电器和按钮、闸刀等手动电器配合使用来实现自动控制。这种控制电路一般被称为继电接触器控制系统,它是一种有触点的断续控制电路。

如果要懂得一个控制电路的原理,就必须了解该电路所包含的各电器元件的结构和功能。一般来讲,控制电路所包含的电器可分为手动电器与自动电器两大类。手动电器是由工作人员手动操纵的,如闸刀开关、组合开关和按钮等。而自动电器是按照指令、信号或某个物理量的变化而自动动作的,如各种继电器、接触器、行程开关等。本模块将首先介绍这些常用的控制电器,然后,再分析继电接触器控制的一些基本电路。为今后进一步学习更复杂的控制系统打下一定的基础。

项目一　常用低压电器

自动控制系统所用的电器,它们的额定电压都在低压的范围之内。就其动作而言,有的靠手动操作完成触点的闭合与断开,有的则能自动完成。就其使用目的而言,有的起发令作用,有的起控制作用,有的起保护作用。本内容将介绍一些最常见的有触点的低压电器。

1. 开关

开关用来通、断、转换电路,或兼做某些保护。开关种类很多,下面主要介绍刀开关。

① HK 系列磁底胶盖刀开关的结构如图 1-7-1 (a)所示,使用时应注意:电源接线必须接进线座;操作时人站在开关的侧面,拉合闸动作要迅速;开关不允许倒装。两极开关 U_N = 220 V,三极开关 U_N = 380 V,I_N 有 15 A、30 A 和 60 A 三种规格。适用于照明、电热线路或作 5.5 kW 以下三相异步电动机不频繁操作的操作开关。对于照明、电热负载开关的 U_N 可选 220 V 或 380 V,开关的 I_N 等于或稍大于负载最大工作电流;对于电动机开关的 U_N 选 380 V,I_N 等于或大于电动机额定电流的三倍。

② HH 系列铁壳开关的结构如图 1-7-1(b)所示,它的特点是因装有速断机构,开关通、断速度快与操作手柄动作快慢无关;因装有机械联锁装置,箱盖打开时合不上闸,合上闸后箱盖打不开,加上有铁防护外壳,所以这种开关安全及电气性能均好。使用时应注意:开关外壳应可靠接地(或接零);操作时不要面对开关;不能随意放在地面上使用。适用于电热、照明等各种配电设备或作不大于 13 kW 三相异步电动机的操作开关。对于控制电动机开关,I_N 应取

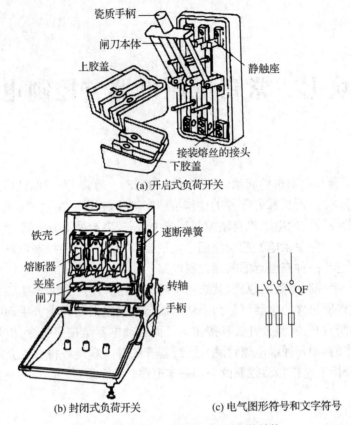

图 1－7－1　HK 及 HH 系列刀开关结构

2～2.5 倍电动机额定电流。

2. 组合开关

用来接通和切断电源的电器叫开关。组合开关又称转换开关,如图 1－7－2 所示。其图形符号如图 1－7－3 所示。单根轴旋转开关是一种组合开关,它是一种结构更为紧凑的手动开关电器。其结构为装在一根转轴上的若干个动触片和静触片叠装于数层绝缘板内,转动手柄时,每一动触片即插入相应的静触片中,随转轴旋转而改变通断位置。它可同时接通一部分电路。

在机床设备中,这类组合开关主要作为电源引入开关,有时也常用来直接起停那些非频繁起动的小型电动机,如小型通风机等。

组合开关用于控制鼠笼式异步电动机(4 kW 以下),起停频率每小时不宜超过 15～20 次,开关的额定电流也应选大些,一般取电动机额定电流的 1.5～2.5 倍。组合开关额定持续电流有 10 A、25 A、60 A 和 100 A 等多种,极数有单、双、三、四极几种。

3. 空气断路器

(1) 结构及用途

① 结构。

常用的空气断路器有塑壳式(装置式)和万能式(框架式)两类。结构和图形符号如图 1－7－4 所示。

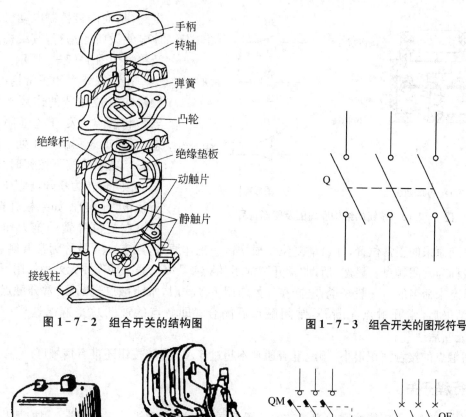

图 1-7-2 组合开关的结构图   图 1-7-3 组合开关的图形符号

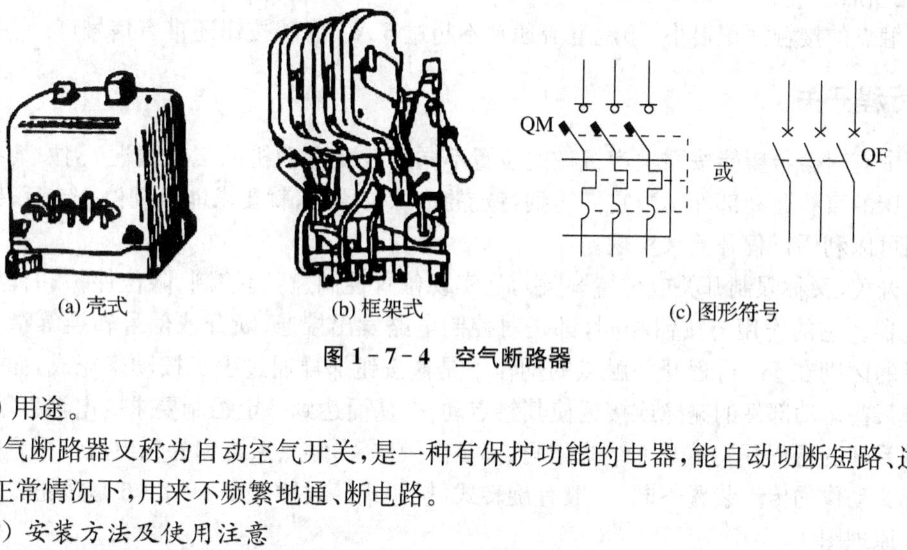

(a) 壳式   (b) 框架式   (c) 图形符号

图 1-7-4 空气断路器

② 用途。

空气断路器又称为自动空气开关,是一种有保护功能的电器,能自动切断短路、过载等故障,在正常情况下,用来不频繁地通、断电路。

（2）安装方法及使用注意

① 安装前应擦净脱扣器电磁铁工作面上的防锈漆脂。

② 断路器与熔断器配合使用时,为保证使用的安全,熔断器应装在断路器之前。

③ 不允许随意调整电磁脱扣器的整定值。

④ 使用一段时间后,应检查弹簧是否生锈、卡住,防止不能正常动作。

⑤ 如有严重的电灼伤痕迹,可用干布擦去;如触头烧毛,可用砂纸或细锉修整,主触头一般不允许用锉刀修整。

⑥ 应经常清除灰尘,防止绝缘水平降低。

4. 按钮

组合开关一般用来接通或断开大电流的电路,而按钮通常用来接通或断开小电流的控制

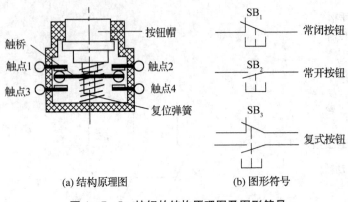

(a) 结构原理图　　　　　　(b) 图形符号

图 1-7-5　按钮的结构原理图及图形符号

电路,从而间接控制电动机或其他电气设备的运行,其结构原理及符号如图 1-7-5 所示。

在没有外力的正常情况下,触桥在复位弹簧的作用下使触点 1 和触点 2 处于连通闭合状态,而触点 3 和触点 4 处于断开状态。当手动按下按钮时,触点 1、2 由闭合转为断开,触点 3、4 由断开转为闭合。如果松开按钮,触桥在复位弹簧的推力作用下自动恢复到原来的正常位置,即自动复位。根据这一工作原理,触点 3、4 被称为常开触点,触点 1、2 被称为常闭触点。显然,所谓"常开""常闭"触点,是以电器未动作或无外力作用下触点所处的状态来命名的。一般来说,电器在外力作用下动作时,常闭触点先断开,常开触点后闭合;外力消失后,常开触点先断开,常闭触点后闭合。即触点的通断总是遵循这样一个规律——"先断后通"。

按钮触点的接触面积很小,额定电流通常不超过 5 A。有些按钮还带有信号灯。

5. 行程开关

生产中有时会希望能按照生产机械的位置不同而改变电动机的工作情况,例如某些起重机械和机床的直线运动部件。当它们达到特定的边缘位置时,就要求能自动停止或反转,这类行程控制可以利用行程开关来实现。

行程开关(又称限制开关或位置开关),是实现位置控制、行程控制、限位保护和程序控制的自动电器。它的作用与按钮相同,都是对控制电路发出接通、断开或信号转换等指令的电器。两者的区别在于:行程开关触点的动作不是像按钮那样通过手工按动来完成,而是利用生产机械某些运动部件的碰撞或接近使其触点动作,从而达到一定控制要求的电器。

各种系列的行程开关其基本结构相同,都是由操作头、触点系统和外壳组成。区别仅在于使行程开关动作的传动装置不同,一般有旋转式、按钮式等数种。图 1-7-6 是按钮式行程开关的结构原理图。

在通常状态下,行程开关被安装在适当和特定的位置。桥式动触点使静触点 1 和静触点 2 连通,而静触点 3 和静触点 4 处于断开状态,故静触点 1、2 被称为常闭触点,静触点 3、4 被称为常开触点。当预装在生产机械运动部件上的挡块碰撞到推杆时,使常闭触点断开,常开触点闭合,从而起到切换电路的作用。同时,恢复弹簧被压缩,为以后的复位做好了准备。当挡块离开推杆时,推杆在恢复弹簧的作用下回到原来位置,从而使各触点复位。近年来,为了提高行程开关的使用寿命和操作频率,已开始采用晶体管无触点行程开关(又称接近开关)。

6. 熔断器

熔断器的熔体与电路串联,利用电流的热效应和一定的灭弧措施,当通过熔体的电流超过其熔断电流后,熔体熔断,自动将电路的电源切除以实现短路保护,在某些情况下还用来兼作过载保护。常用的低压熔断器有：

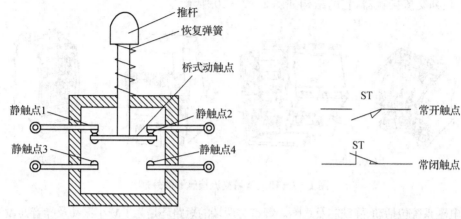

图 1-7-6 行程开关的结构原理图 　　图 1-7-7 行程开关的图形符号

① RC 系列熔断器。如图 1-7-8 所示。RC1 系列瓷插式熔断器的额定电压 U_N＝380 V、额定电流 I_N 为(5～200)A 共分 7 个规格。它结构简单、更换方便、价格低廉，但分断能力不强。适用于作照明、电热电路的短路及过载保护。

② RL 系列熔断器。如图 1-7-9 所示，在熔断管中装有熔丝，通过金属信号色点、小弹簧与管两端的金属帽联通，在管内填满石英砂以助灭弧。熔丝断后，在小弹簧作用下信号色点掉下来。接线时为了安全，进线接下接线端。RL 系列螺旋式熔断器 U_N＝500 V、I_N 为(15～200)A 共分 5 个规格。它体积小、换熔体方便、安全可靠并带熔断显示，分断能力较强。适合于控制箱、配电屏、机床设备及振动较大的场合作短路保护、过载保护。

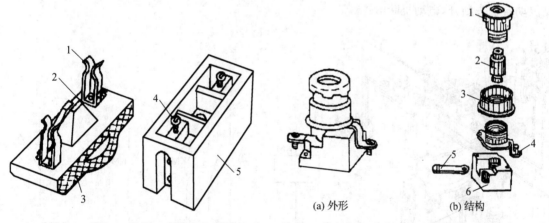

1. 动触点；2. 熔丝；3. 瓷盖；4. 静触点；5. 瓷座　　　1. 瓷帽；2. 熔断管；3. 瓷套；4. 上接线端；5. 下接线端；6. 底座

图 1-7-8 RC1A 系列插入式熔断器　　　图 1-7-9 螺旋式熔断器

7. 交、直流接触器

接触器是一种可以用来频繁地接通和断开大电流电路的自动控制电器。主要控制电动机之类的动力负载。它除了能实现自动、远距离控制外，还具有失电压保护功能。

（1）结构

CJ0 系列交流接触器，它的结构如图 1－7－10 所示。

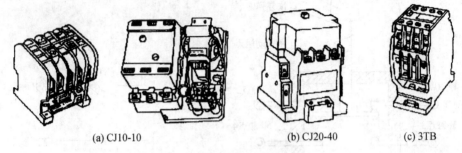

(a) CJ10-10　　　　　　　　(b) CJ20-40　　　(c) 3TB

图 1－7－10　常用交流接触器的外形

① 电磁系统包括动、静铁芯及线圈。静铁芯两端的短路环是为了减小振动及噪音而设置的。

② 触头系统，采用的是带银触点的桥式触头，银触点的主要优点是氧化层对接触电阻影响不大。在灭弧罩内的三对触头较大，用来控制电流大的主电路叫主触头，又因线圈不通电时它是断开的，所以属动合触头。灭弧罩两边的两对较小的触头，用于控制电路叫辅助触头。它们总共是两对动合、两对动断触头。

③ 灭弧系统，由灭弧罩和灭弧栅片构成，作用是加速灭弧。40 A 以下的接触器不安装灭弧栅片。

④ 其他部分有反作用弹簧、触头压力弹簧片、缓冲弹簧等。

（2）工作原理

以图 1－7－11(a)所示点动控制为例，按下按钮，线圈通电，动铁芯克服反作用弹簧的反作用吸合力，动合触头闭合使电动机起动；松开按钮，线圈断电，在反作用弹簧的作用下，动铁芯复位动合触头断开，电动机断电。

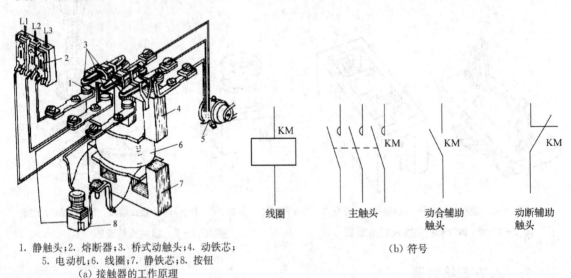

1. 静触头；2. 熔断器；3. 桥式动触头；4. 动铁芯；
　5. 电动机；6. 线圈；7. 静铁芯；8. 按钮
　　（a）接触器的工作原理

线圈　　　　主触头　　　动合辅助触头　　　动断辅助触头

（b）符号

图 1－7－11　接触器的工作原理

（3）接触器的选择

① 根据负载电流类型选择接触器的类型。交流负载选用交流接触器；直流负载一般选用

直流接触器。在电力拖动控制系统中主要是交流电动机,而直流电动机或负载的容量比较小时,也可用交流接触器进行控制,但触头的额定电流应适当选大一些。

②触头的额定电压应等于或大于线路额定电压。

③触头的额定电流可根据接触器技术数据选择,也可用经验公式估算,例对于 CJ0 交流接触器主触头,$I_N = KP_N$(电压额定功率/W)/U_N(电动机额定电压/V),K 取 $1\sim1.4$。对于起动频繁、正反转、反接制动情况下,主触头 I_N 应选得比上述大一个等级(或估算时 K 取值1.4)

④线圈的 U_N 等于控制线路额定电压。

⑤触头的类型、数量应符合控制线路对它们的要求。

8. 继电器

继电器是一种能根据一定的信号,如电流、电压、时间、压力、温度等来通、断小电流电路的自动控制电器。

(1)中间继电器

中间继电器是将一个输入信号变成一个或多个输出信号的继电器。它也分交流和直流中间继电器。图1-7-12所示是广泛使用的交、直流两用 JZ7 系列中间继电器的结构图。它的结构与工作原理和交流接触器基本相同,只不过是触头较多、容量小(均为 5 A),无灭弧系统。它的动断触头最多 4 对,但稍加改装,4 对动断触头均可改成为动合触头。选用时不但要注意触头的额定电流,还要注意线圈的电压、触头数目及种类。

(2)热继电器

热继电器是一种利用电流的热效应来对电路作过载保护的保护电器,主要用作电动机的过载保护。图1-7-13所示是热继电器的外形和电气图,它主要由双金属片和电阻丝构成的热元件、传动结构、触头、复位按钮、电流整定装置构成。它的动作原理与 DZ5 系列低压断路器中的热脱扣动作原理基本相同:双金属片弯曲推动滑杆,顶动人字拨杆使触头动作。注意:因热继电器动作具有热惯性,它不能作短路保护;更换热继电器后勿忘重新整定电流;多次动作应查明动作原因。

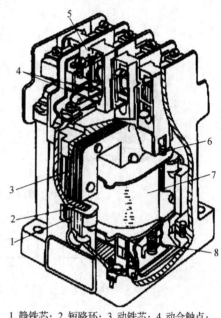

1.静铁芯；2.短路环；3.动铁芯；4.动合触点；
5.动断触点；6.复位弹簧；7.线圈；8.反作用弹簧

图 1-7-12　JZ7 中间断电器

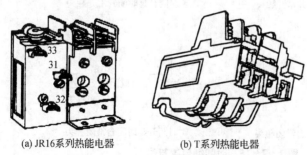

(a) JR16系列热能电器　　(b) T系列热能电器

(c) 电气图形和文字符号

图 1-7-13　热继电器

（3）时间继电器

时间继电器是一种利用电磁或机械原理或电子技术来延迟触头动作时间自动控制器,种类很多。图1-7-14所示是JS7-A系列时间继电器的结构原理图。其中图1-7-14(a)是通电延时型,其工作原理如下:线圈通电,衔铁克服反作用弹簧而吸合,瞬时触头动作;同时在塔形弹簧的作用下活塞杆向上运动,但被橡胶膜密封的气室必须经过受调节螺杆控制大小的进气口进气后,才能让活塞杆随橡胶膜一起缓慢地向上运动,进气口越大移动速度越快,反之越慢。经过一定的延时,活塞杆顶部的凹肩推动杠杆压延时触头,即时间继电器通电延时触头动作。线圈断电时,在反作用弹簧的作用下,活塞杆随衔铁一起向下返回,这时气室内的空气通过橡胶膜、弱弹簧和活塞的局部所形成的单向阀很快排出,延时触头及瞬时触头瞬时复位。时间继电器符号如图1-7-15所示。

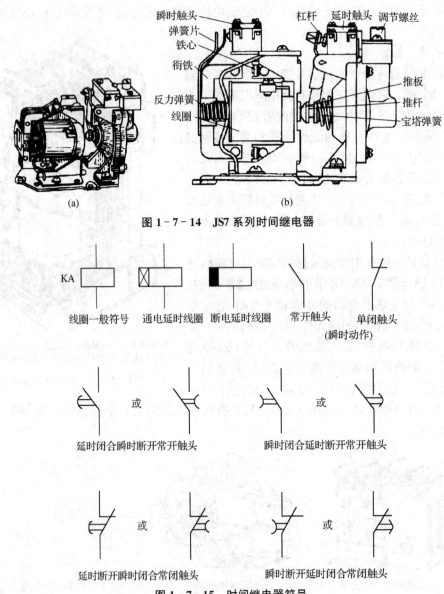

图1-7-14 JS7系列时间继电器

图1-7-15 时间继电器符号

　　JS7-A 时间继电器分通电延时和断电延时两种。断电延时与通电延时两种时间继电器的组成元件是通用的,从结构上说,只要改变电磁机构的安装方向,便可获得两种不同的延时方式。当衔铁位于铁芯和延时机构之间时为通电延时,而当铁芯位于衔铁和延时机械之间时为断电延时。断电延时继电器的工作原理与上述相同。

　　另外常用的还有晶体管时间继电器,它们的最大特点是延时范围广、精度高、耐冲击、延时整定便利、寿命长。按其原理分为阻容式和数字式两大类。常见的有 JS20 型单结晶体管—晶闸管时间继电器和 JSJ 型晶体三极管时间继电器。

项目二　三相鼠笼式异步电动机的直接起动控制

1. 点动控制

　　点动控制指按下按钮时电动机就起动运转,松开按钮时电动机就停转。许多生产机械调整试车或运行时要求电动机做到点动动作,如摇臂钻床立柱的放松和夹紧、龙门刨床横梁的上下移动、起重机吊钩、小车和大车运行的操作控制、刀架的快速进给等均是点动控制。接受点动控制的电动机大多数容量都不大而且工作时间短。

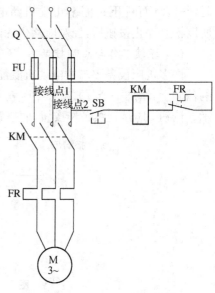

　　点动控制线路如图 1-7-16 所示。它由电动机、交流接触器、按钮、闸刀外关、熔断器和电源等组成。其主电路是:三相电源—闸刀开关 Q—熔断器 FU—交流接触器 KM 的三个常开主触点—热继电器 FR 的热元件—电动机三相定子绕组。其控制电路(辅助电路)是:接线点 1—热继电器 FR 的常闭触点—交流接触器 KM 的吸引线圈—起动按钮 SB—接线点 2。

　　点动控制的操作原理如下:合上闸刀开关 Q 后,按下按钮 SB,接通电源,交流接触器 KM 的吸引线圈通电,交流接触器 KM 的三个常开主触点闭合,电动机 M 通电起动运转。松开按钮 SB,交流接触器 KM 的吸引线圈断电,交流接触器 KM 的三对常开主触点断开,电动机 M 断电停转。

　　主电路用三相 50 Hz、380 V 的电源供电。三相闸刀开关 Q 起隔离电源作用;熔断器 FU 起短路保护作用;热继电器 FR 起过载保护作用;交流接触器 KM 起失压或掉电保护作用。

图 1-7-16　点动控制线路图

2. 起停控制

(1) 直接起停控制电路

　　对于运行时间较长又不需要改变转向的电动机,例如用来拖动泵和鼓风机等的电动机,可以用图 1-7-17 所示的控制电路控制电动机。

　　直接起停控制电路的主电路与图 1-7-16 所示的主电路完全相同,故省略不画。其控制电路与图 1-7-16 所示的控制电路相比,增加了与起动按钮 SB₂并联的交流接触器的常开辅

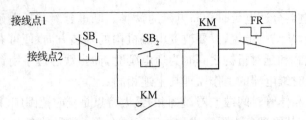

图 1 - 7 - 17　鼠笼式异步电动机的直接起停控制

助触点 KM 和停止按钮 SB_1。

其操作原理如下：

闭合闸刀开关 Q,接通电源。按下起动按钮 SB_2,接触器 KM 的线圈通电,吸合衔铁,带动接触器 KM 主触点闭合,电动机通电起动运转。与此同时,接触器 KM 辅助触点闭合,旁路了起动按钮 SB_2,因此松开起动按钮 SB_2 后,接触器 KM 的线圈继续通电,使电动机连续运行。与起动按钮 SB_2 并联的接触器 KM 的常开辅助触点在这里起着保持线圈通电的作用,称为自锁(触点),这是电动机连续运行的关键。由图 1 - 7 - 17 可知,自锁触点通常是常开辅助触点,且总与手动电器并联,起着替代手动电器的作用。

按下停止按钮 SB_1,接触器 KM 的线圈断电,释放衔铁,使得接触器 KM 的三个主触点同时断开,从而断开主电路,电动机断电停转。同时,也使得接触器 KM 的常开辅助触点断开,所以松开停止按钮后,控制电路仍为断电状态,电动机保持停转。

(2) 连续工作与点动控制

许多机床设备要求主电动机既能连续工作,又能点动控制。只要在电动机起停控制线路的基础上,增加一个复式按钮 SB_3 就可以达到连续工作与点动控制的目的,如图 1 - 7 - 18 所示。按钮 SB_2 是连续工作按钮,而按钮 SB_3 是点动按钮。

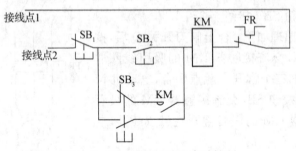

图 1 - 7 - 18　连续工作和点动控制

其动作次序如下：

按下连续工作按钮 SB_2 时,接触器 KM 的线圈通电,带动接触器 KM 的主触点闭合,电动机通电起动运转。与此同时,接触器 KM 的辅助触点闭合,而且 SB_3 的常闭触点也处闭合状态,从而旁路了起动按钮 SB_2,因此松开起动按钮 SB_2 后,接触器 KM 的线圈继续通电,使电动机连续运行。

按下点动按钮 SB_3 时,SB_3 的常闭触点首先断开,切断了自锁电路,紧接着 SB_3 的常开触点闭合,使电动机开始点动运行;一旦松开点动按钮 SB_3,SB_3 的常开触点首先断开,使接触器 KM 的线圈断电,主触点断开,电动机断电停转。同时接触器 KM 的自锁触点复原断开,而后 SB_3 的常闭触点才复原闭合,电路点动完毕。

项目三 三相鼠笼式异步电动机的正反转控制

很多生产机械要求有正、反两个方向的运动,如机床工作台的进退、主轴的正反转、起重机的升降等都是由电动机的正反转来实现的。我们知道,只要改变电动机电源的相序就可以改变电动机的转向。那么在直接起动控制电路基础上,再增加一个交流接触器及相应的控制电路就可以实现这一要求。图 1-7-19 是实现电动机的正反转控制电路。该电路利用两套交流接触器 KM_F 和 KM_R 分别控制电动机的正转和反转,两个接触器主触点之间的联接,必须保证由主触点 KM_F 闭合改变为主触点 KM_R 闭合时,电动机接至电源的三根导线中有两根要相互对调位置。

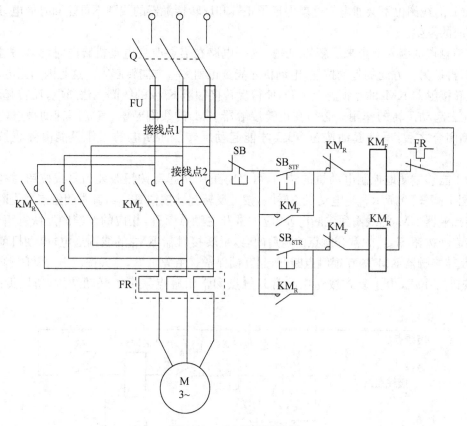

图 1-7-19 正反转控制

正反转控制电路的操作步骤如下:

合上闸刀开关 Q,接通电源。

按下正转起动按钮 SB_{STF},正转接触器 KM_F 的线圈通电,它的常开主触点闭合,电动机正向起动运转;它的常开辅助触点闭合,实现自锁。

按下停止按钮 SB,正转接触器 KM_F 的线圈断电,它的常开主触点断开,电动机停转;它的常开辅助触点闭合,撤销自锁。

按下反转起动按钮 SB_{STR},反转接触器 KM_R 的线圈通电,它的常开主触点闭合,电动机反向起动运转;它的常开辅助触点闭合,实现自锁。

　　按下停止按钮 SB,反转接触器 KM_R 的线圈断电,它的常开主触点断开,电动机停转;它的常开辅助触点闭合,撤销自锁。

　　值得一提的是,如果两接触器的线圈同时通电,则两接触器的主触点将同时闭合,从而使得两相火线短接,发生电源短路事故。为了避免此类情况的发生,电路中还引入了互锁触点(或称为联锁触点),即如图 1-7-19 所示,正转接触器 KM_F 的一个常闭辅助触点串接在反转接触器 KM_R 的线圈所处的电路中,而反转接触器 KM_F 的一个常闭辅助触点则串接在正转接触器 KM_R 的线圈所处的电路中。这两个常闭辅助触点就称为互锁触点。这样一来,当按下正转起动按钮 SB_{STF} 时,正转接触器 KM_F 的线圈通电,其主触点闭合,电动机正转;其互锁触点断开,切断了反转接触器 KM_R 的线圈所处的电路。因此,即使误按反转起动按钮 SB_{STR},反转接触器 KM_R 的线圈也不会通电。这就保证了正转和反转接触器的线圈不可能同时通电,避免了短路事故的发生。

　　互锁触点的引入又带来了新的问题:这一电路在需要改变电动机转向时,必须先按下停止按钮,再按另一方向的起动按钮,电动机才能真正朝另一方向转起来。这是因为当电动机正转时正转接触器 KM_F 的互锁触点断开,使得反转接触器 KM_R 的线圈无法通电,反转起动按钮 SB_{STR} 失去起动反转的作用。必须在正转接触器 KM_F 的线圈断电,其常闭辅助触点(互锁触点)重新闭合之后,反转起动按钮 SB_{STR} 才能起动反转。而断电的工作只能由停止按钮 SB 完成。

　　为了能够方便地控制电动机的转向,可以将正反转起动按钮改装为复式按钮,并实现互锁,如图 1-7-20 所示。当电动机正转时,按下反转起动按钮 SB_{STR},其常闭触点率先断开,而使正转接触器 KM_F 的线圈率先断电,相应的常开主触点断开,相应的互锁触点恢复闭合。随着反转起动按钮 SB_{STR} 的常开触点的随后闭合,反转接触器 KM_F 的线圈通电,电动机就反转。同时,反转接触器 KM_F 的互锁触点断开,起互锁保护。由此可见,复式按钮中的常闭触点起着停止按钮的作用,由于复式按钮中的常开触点和常闭触点采用了联动结构,所以无须专门操作。

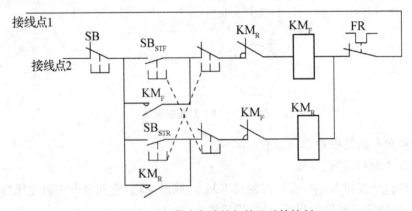

图 1-7-20　带有复式按钮的正反转控制

*项目四 行程控制

行程控制在摇臂钻床、万能铣床、镗床、桥式起重机、龙门刨床以及各种自动或半自动控制机床设备中经常遇到。这些生产机械通常要求工作台在一定距离内能自动往返循环，以便对工件连续加工。这就需要用行程开关来检测往返运动的相对位置，进而自动控制电动机的正反转来实现。因此，行程控制的主电路与正反转控制的主电路相同。不同的地方在于，普通的正反转控制电路必须手动来实现电动机的转向改变，而行程控制则可以在机床工作台满足一定的位置条件时自动实现电动机的转向改变。

图 1-7-21 是用行程开关来控制工作台前进与后退的示意图和控制电路。行程开关 ST1 和 ST2 分别装在工作台的原点和终点，由装在工作台上的挡块来撞动。工作台由电动机 M 带动，电动机的主电路与正反转控制的主电路完全一致，控制电路则多加了行程开关的三个触点。

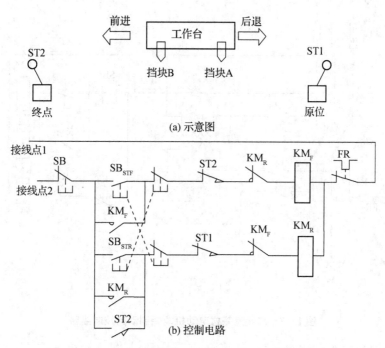

图 1-7-21 用行程开关控制工作台的前进与后退

其工作原理如下：

首先闭合闸刀开关 Q，接通电源。

工作台在原位时，原位行程开关 ST1 被工作台的挡块 A 压下，其串接在反转控制电路中的常闭辅助触点被压开。这时电动机不能反转，即工作台不能后退。

按下前进起动按钮 SB$_{STF}$，正转接触器 KM$_F$ 的线圈得电，电动机正转起动，带动工作台前进。

当工作台运行到终点时，挡块 B 压下终点行程开关 ST2，其串接在正转控制电路中的常闭触点被压开，电动机停止正转；其串接在反转控制电路中的常开触点被压合，电动机开始反转,带动工作台后退。

　　工作台退到原位时,挡块 A 压下原位行程开关 ST1,其串接在反转控制电路中的常闭触点被压开,电动机在原位停止。

　　行程开关除了用来控制电动机的正反转外,还可以实现终端保护、自动循环、制动和变速等各项要求。

* 项目五　时间控制

　　图 1-7-22 是利用时间继电器实现鼠笼式异步电动机能耗制动的控制电路。这种制动方法是在断开三相电源的同时,接通直流电源,使直流电通入定子绕组,产生制动转矩。制动时所需直流电源是由半导体桥式整流电路供给的。

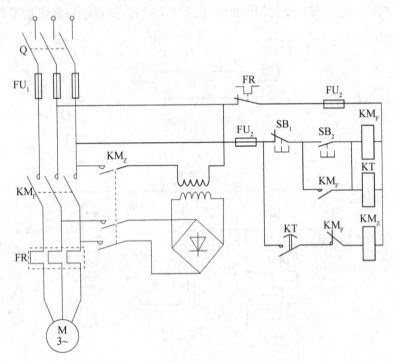

图 1-7-22　鼠笼式电动机能耗制动的控制线路

　　其工作原理如下:

　　正常运行时,合上闸刀开关 Q 后,按下起动按钮 SB₂,正转接触器 KM_F 的线圈通电,其常开主触点闭合,电动机起动运转;其常开辅助触点闭合,实现自锁;其常闭辅助触点断开,使得制动接触器 KM_Z 的线圈不能通电,其常开触点不会动作,桥式整流电路没有接电源。同时,由于闭合了正转接触器 KM_F 的自锁触点,时间继电器 KT 的线圈通电,其延时断开的常开触点瞬时闭合。

　　当按下停止按钮 SB₁ 后,正转接触器 KM_F 的线圈断电,其常开主触点断开,电动机与交流电源脱离;其常开辅助触点断开,撤销自锁,时间继电器 KT 的线圈断电;其常闭辅助触点闭合,撤销互锁,制动接触器 KM_Z 的线圈通电,制动开始。经过一定的断电延时时间后,延时断开的常开触点断开,制动结束。

* 项目六　顺序控制

生产机械经常要求几台电动机配合工作才能完成生产工艺的要求,例如机床常要求油泵电动机先起动,然后才能起动主轴电动机;一台机床的进刀、退刀、工件夹具松开以及自动停车等工序,要求按一定顺序来完成。这些要求反映了几台电动机之间的顺序关系。按照上述要求实现的控制,称为顺序控制。

图 1-7-23 是两台异步电动机 M_1 和 M_2 的顺序控制线路,此线路能实现 M_1 起动后,M_2 才能起动,并具有过载、短路和失压保护。为了确保 M_2 必须在 M_1 起动之后才能起动,可以把接触器 KM_1 的常开辅助触点串联在接触器 KM_2 线圈的支路里。接触器 KM_1 常开辅助触点的闭合,为接触器 KM_2 线圈通电准备好了通路。值得一提的是,接触器 KM_1 有两个常开辅助触点,一个用于顺序控制,一个起自锁作用。

两个热继电器的常闭触点 FR_1、FR_2 串联接在两个并联控制电路的公共电路中,可以达到两台电动机中任何一台过载动作后,均使两台电动机断电的目的。

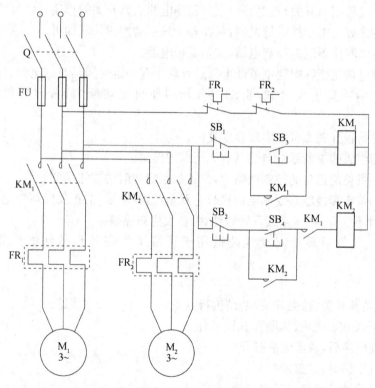

图 1-7-23　顺序控制

其工作原理如下:按下起动按钮 SB_3 后,接触器 KM_1 的线圈通电,它的常开主触点闭合,电动机 M_1 起动;它的两个常开辅助触点闭合,实现自锁,并为接触器 KM_2 的线圈通电做好了准备。如果在这种情况下又按下起动按钮 SB_4,则接触器 KM_2 的线圈通电,它的常开主触点闭合,电动机 M_2 起动。

习 题 七

一、判断题

1. 电器按其电路中的作用可分为控制电器和保护电器。(　　)

2. 凡工作在交流电 220 V 以上电路中的电器都属于高压电器。(　　)

3. 熔断器只用于过载保护。(　　)

4. 三相异步电动机的启动方式有两种,即直接启动和降压启动。(　　)

5. 铁壳开关的速断装置的主要作用是为了便于操作,而没有其他作用。(　　)

6. 闸刀开关属于低压电器,因此当合、拉闸时,操作应缓慢。(　　)

7. 在三相异步电动机控制电路中,热继电器用做短路保护。(　　)

8. 在三相异步电动机的直接起动电路中,如果有热继电器用做过载保护,就可以不需要熔断器来保护电动机。(　　)

9. 接触器的主触点通过的电流与辅助触点的额定电流相等。(　　)

10. 接触器铁芯的极面上有短路环,其主要作用是减少铁芯中的涡流损耗。(　　)

11. 常见的胶盖闸刀开关,在电路中主要起到电源隔离开关的作用。(　　)

12. 若要在多处对电动机进行控制,只要若干只起动按钮并联即可。(　　)

13. 自动空气断路器既是控制电器,又是保护电器。(　　)

14. 时间继电器是指线圈得电或断电到触点动作有一定时间延时的电器。(　　)

15. 当电路中一旦出现过载,自动空气断路能自动切断电路,但短路时,不能切断电路。(　　)

16. 所有的行程开关都可以实现自动复位。(　　)

17. 接触器组成的控制系统自然具有失压保护作用。(　　)

18. 在电动机长期运转的控制线路中,自锁触点应与起动按钮串联。(　　)

19. 如果用按钮和接触器控制电动机具有双重互锁(联锁)的正反向运转电路中接触器的主触点一旦熔焊不断开,再直接按反转按钮,将会发生短路事故。(　　)

20. 星形—三角形降压起动线路适用于正常工作在星形接法的三相笼型异步电动机。(　　)

二、选择题

1. 封闭式负荷开关(铁壳开关)的结构特点是(　　　　)。(多选)

    A. 刀开关在铁壳内,熔断器在铁壳外

    B. 接通电路后,铁盖无法打开

    C. 接通电路时,铁盖能打开

    D. 壳内有速断弹簧及互锁装置

2. 对三相笼型异步电动机降压起动,可供选用的方法是(　　　　)。(多选)

    A. 自耦变压器降压起动

    B. 在转子电路中串电阻降压起动

    C. 在定子电路中串电阻降压起动

    D. 在定子电路中串频敏变阻器起动

3. 熔断器在三相笼型异步电动机电路中作用,叙述正确的是(　　　　)。

    A. 在电动机电路中,不需要熔断器来保护

    B. 在电路中作短路保护

    C. 只要电路中有热继电器作保护,就不需要熔断器来保护

    D. 在电路中作过载保护

4. 三相笼型异步电动机星形—三角形降压起动电路的特点是(　　　　)。

    A. 降压起动时,定子绕组为星形接法

    B. 降压起动时,定子绕组三角形为连接

    C. 降压起动时,定子绕组的电压是额定电压的 1/3 倍。

    D. 降压起动时,定子绕组的电压是额定电压的 3 倍。

5. 在具有过载保护的三相异步电动机的正转控制线路中,热继电器正确的串联方式为(　　　　)。

    A. 把热继电器的发热元件串接在电动机主电路中

    B. 热继电器的发热元件串接在控制电路中

    C. 热继电器的发热元件同时接在控制电路和主电路中

    D. 三相绕组中,其中一相连接发热元件即可

6. 三相绕线型异步电动机串电阻起动的特点是(　　　　)。

    A. 变阻器与定子绕组连接

    B. 变阻器与转子绕组连接

    C. 一个变阻器与定子绕组连接,另一个变阻器与转子绕组连接

    D. 一个变阻器与定子绕组和转子绕组连接

7. 热继电器是利用电流的热效应而制作的,因此它是否动作的情况是(　　　　)。

    A. 热继电器中有电流就动作

    B. 热继电器通过的电流是电路正常值时动作

    C. 热继电器通过的电流超过电路正常工作值时动作

    D. 热继电器通过的电流小于电路正常值时动作

8. 三相异步电动机电路中,接触器的特点是(　　　　)。

    A. 主触点与负载串联

    B. 吸引线圈通电后主触点常开触点闭合,常闭触点不分断

    C. 辅助触点与负载串联

    D. 控制电路的接通与分断,但不能控制主电路

9. 如果在不同的地方对电动机进行控制,可在控制电路中(　　　　)。

    A. 并联起动按钮,串联停止按钮

    B. 串联起动按钮,并联停止按钮

    C. 并联起动按钮,并联停止按钮

    D. 串联起动按钮,串联停止按钮

10. 三相笼型异步电动机星形—三角形降压起动控制线路中,延迟一段时间后,自动地把电动机从星形接换接到三角形接法的继电器是(　　　　)。

    A. 热继电器　　　　B. 中间继电器　　　　C. 温度继电器　　　D. 时间继电器

三、计算题

1. 某生产机械由一台 Y132－M－4 型三相异步电动机拖动,电动机功率为 7.5 kW,额定电流为 15 A,起动电流是额定电流的 7 倍,用熔断器作短路保护,熔丝的额定电流应为多大?

2. 图 1－7－24 是鼠笼式电动机 Y－△起动的控制线路,试分析其工作过程。

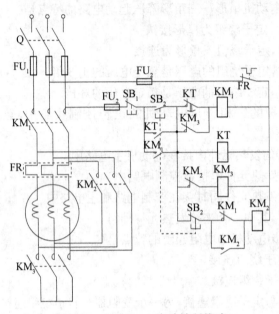

图 1－7－24　Y－△启动控制线路

第二部分
电子技术基础

模块一 半导体二极管和三极管

半导体器件是近代电子学中的重要组成部分。由于半导体器件具有体积小、重量轻、使用寿命长、反应迅速、灵敏度高、工作可靠等优点而得到广泛的应用。本模块内容主要介绍二极管、三极管及场效应管的基本结构、工作原理、特征曲线和主要参数等。

项目一 半导体基本知识

自然界中容易导电的物质称为导体，金属一般都是导体。有的物质几乎不导电，称为绝缘体，如橡皮、陶瓷、塑料和石英。另有一类物质的导电特性处于导体和绝缘体之间，称为半导体，如锗、硅、砷化镓和一些硫化物、氧化物等。

半导体具有独特的导电性能。它对温度和光的反应特别灵敏，当温度升高或光照时，它的导电能力会显著增加。特别是，如果在纯净的半导体中加入适量的微量杂质后，其导电能力可增加数十万倍以上。这些特性表明，半导体的导电能力在不同条件下有很大的差别，可以人为地加以控制，这就使半导体能够得以广泛地应用。

1. 本征半导体

半导体中存在两种载流子：一种是带负电的自由电子，另一种是带正电的空穴。它们在外电场的作用下都有定向移动的效应，都能运载电荷形成电流通常称为载流子。金属导体内的载流子只有一种，就是自由电子，但数目很多，远远超过半导体中载流子的数量，所以金属导体的导电性能比半导体好。

本征半导体又称为纯净半导体，其内部空穴的数量和自由电子的数量相等。例如，硅单晶体、锗单晶体，就是纯净半导体。

2. 杂质半导体

本征半导体导电能力很差，但如果在本征半导体掺入微量的其他元素的原子，就会使其导电能力大大提高。这些微量元素的原子称为杂质。常用的杂质为三价和五价元素，如硼、磷等。掺入杂质后形成的半导体称为杂质半导体。根据掺入杂质的不同，杂质半导体有 N 型和 P 型两种。

（1）N 型半导体

在纯净的硅（或锗）晶体中，掺入少量五价元素，如磷、砷等。使半导体中自由电子的数目明显增加，这样就大大地提高了半导体的导电性能。由于空穴数量远少于自由电子数量，故自由电子被称为多数载流子（简称多子），空穴被称为少数载流子（简称少子）。这种杂质半导体主要以电子导电为主，称为电子半导体，简称 N 型半导体。

(2) P 型半导体

在纯净的硅(或锗)晶体中,掺入少量三价元素,如硼、铝等,硼原子等。使半导体中出现大量空穴。由于空穴数量远多于自由电子的数量,故空穴被称为多数载流子,自由电子被称为少数载流子。这种杂质半导体主要靠空穴导电,称为空穴半导体,简称 P 型半导体。

项目二　PN 结

在一块完整的硅片上,用某种特定的工艺使其一边形成 N 型半导体,另一边形成 P 型半导体,那么在两种半导体的交界面附近就形成 PN 结。PN 结是构成各种半导体器件的基础。

1. PN 结的形成

P 型半导体和 N 型半导体结合在一起时,如图 2-1-1 所示。半导体内的载流子发生扩散,结果是在 N 区留下带正电的离子(图中用⊕表示),而 P 区留下带负电的离子(图中用⊖表示),它们集中在交界面两侧形成一个很薄的空间电荷区,这就是 PN 结。

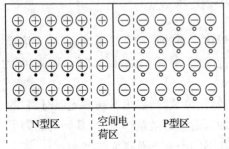

N型区　空间电荷区　P型区

图 2-1-1　平衡状态下的 PN 结

在 PN 结的形成过程中,刚开始时,以扩散运动为主,随着空间电荷区的加宽和内电场的加强,多数载流子运动逐渐减弱,漂移运动逐渐加强,使空间电荷区变窄。而空间电荷区的变窄,又会对扩散运动产生拟制作用。最终,扩散运动与漂移运动会达到动态平衡。此时,空间电荷区的宽度基本稳定下来,扩散电流等于漂移电流,通过 PN 结的电流为零,PN 结处于动态的稳定状态。

2. PN 结的单向导电性

上面所讨论的 PN 结中扩散运动与漂移运动达到动态平衡时,扩散电流等于漂移电流,通过 PN 结的电流为零,是在 PN 结没有外加电压的情况下。如果在 PN 结上加电压,必然会破坏原有的动态平衡,使通过 PN 结的电流不为零。

(1) PN 结外加正向电压

如图 2-1-2 所示,电源的正极接 P 区,负极接 N 区。这种接法叫作给 PN 结外加正向电压,又叫正向偏置,简称正偏。这时外加电压在耗尽层中建立的外电场与内电场方向相反,削弱了内电场,使空间电荷区变窄,使多数载流子的扩散运动大于少数载流子漂移的运动。在电源的作用下,多数载流子就能越过空间电荷区形成较大的扩散电流。这个电流从电源的正极流入 P 区,经过 PN 结由 N 区流回电源的负极,称为正向电流。PN 结处于导通(导电)状态,此时 PN 结呈现的电阻称为正向电阻。由于多数载流子浓度较大,当外加电压不太高时就可以

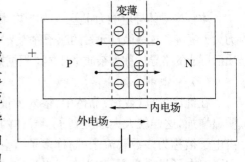

图 2-1-2　PN 结外加正向电压

形成很大的正向电流,所以 PN 结的正向电阻较小。

（2）PN 结外加反向电压

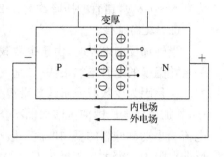

如图 2-1-3 所示,电源的正极接 N 区,负极接 P 区。这种接法叫作给 PN 结外加反向电压,又叫反向偏置,简称反偏。这时外加电压在耗尽层中建立的外电场与内电场方向一致,增强了内电场,使空间电荷区加宽,多数载流子的扩散运动难于进行,但有利于少数载流子漂移的运动。在外电场的作用下,N 区的少数载流子空穴越过 PN 结进入 P 区,P 区的少数载流子自由电子越过PN 结进入 N 区,形成了漂移电流,这个电流由 N 区流向 P 区,故称为反向电流。由于少数载流子浓度很小,即使

图 2-1-3　PN 结外加反正向电压

它们全部漂移,其反向电流还是很小的,PN 结基本上可认为不导电,处于截止状态。此时的电阻称为反向电阻,它的数值很大。

由上述分析可知,PN 结加正向电压时处于导通状态,PN 结加反向电压时处于截止状态,这就是 PN 结的单向导电性。

项目三　半导体二极管

半导体二极管（简称二极管）是由一个 PN 结加上电极引线和管壳构成的。表示符号如图 2-1-4 所示。

1. 基本结构

半导体二极管按结构可分为点接触型和面接触型两类。

① 点接触型。其特点是 PN 结面积很小,因而结电容很小,其高频性能好,但不能通过大电流,主要用于高频检波和小电流的整流等。

图 2-1-4　半导体二极管符号

② 面接触型。其特点是 PN 结面积大,因而结电容大,不适应工作在高频,只能在低频工作,但允许通过较大电流,主要用于整流电路。

半导体二极管按所用材料的不同又可分为硅二极管（如 2CP 型）和锗二极管（如 2AP 型）两种。

2. 伏安特性

二极管的伏安特性是指加到二极管两端的电压和通过二极管的电流之间的关系曲线。可通过实验测出,如图 2-1-5 所示。可以看出,二极管的伏安特性是非线性的,正反向导电性能差异很大。

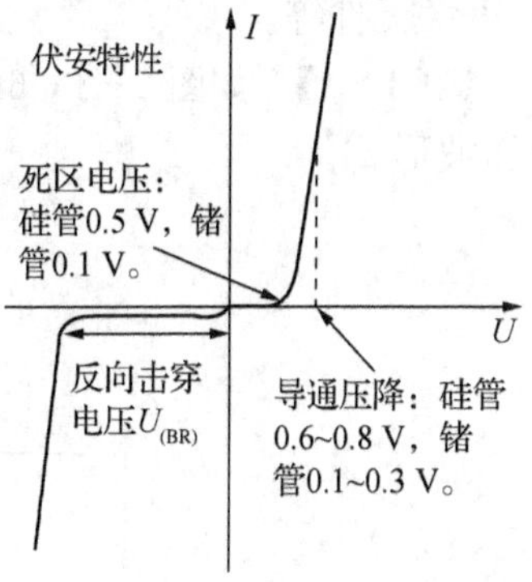

（1）正向特性

正向特性起始部分的电流几乎为零。这是因为外加正向电压较小,外电场还不足以克服内电场对多数载流子扩散运动的阻力,二极管呈现较大的电阻所造成的。当正向电压超过某一值后,正向电流增长得很快,称为正向导通,该电压值称为死区电压。其大小与材料

图 2-1-5　二极管伏安特性曲线

和温度有关,通常,硅管的死区电压约为 $0.5\,V$,锗管约为 $0.1\,V$。正向导通时,硅管的压降约为 $0.6\sim0.8\,V$,锗管的压降约为 $0.2\sim0.3\,V$。理想二极管可近似认为正向电阻为零。

（2）反向特性

当外加反向电压时,由于少数载流子的漂移运动,形成很小的反向电流。它有两个特点:一是随温度的上升增加很快;二是反向电压在一定的范围内变化,反向电流基本不变。

这是因为少数载流子的数量很少,在一定温度下的一段时间内,只能提供一定数量的载流子,外加反向电压即使再增加也不会使少数载流子的数目增加。因此,反向电流又称反向饱和电流。小功率硅管的反向电流一般小于 $0.1\,\mu A$,而锗管通常为几十微安。理想二极管可认为反向电阻为无穷大。

当外加反向电压过高时,由于受到外加强电场的作用,载流子的数目会因为共价键中的部分价电子被自由电子碰击或被外加强电场拉出而急剧增加,造成反向电流急剧增加,二极管失去单向导电性,这种现象称为反向击穿。相应的反向电压称为反向击穿电压。二极管反向击穿一般是可逆的,但反向电流超过允许值,发生热击穿时会损坏。

3. 主要参数

描述二极管特性的物理量,称为二极管的参数。它是表示二极管的性能及适用范围的数据,是正确选择和使用二极管的重要依据。二极管的主要参数有:

（1）最大整流电流 I_{FM}

I_{FM} 是指二极管长期运行时允许通过的最大正向平均电流。它是由 PN 结的结面积和外界散热条件决定的。当电流超过允许值时,容易造成 PN 结过热而烧坏管子。

（2）最大反向工作电压 U_{RM}

U_{RM} 是指二极管在使用所允许加的最大反向电压。超过此值时二极管就有可能发生反向击穿。通常取反向击穿电压的一半值作为 U_{RM}。

（3）最大反向电流 I_{RM}

I_{RM} 是指在给二极管加最大反向工作电压时的反向电流值。I_{RM} 越小说明二极管的单向导电性越好,此值受温度的影响较大。

二极管的应用主要利用它的单向导电特性,因此它在电路中常用作整流、检波、整形、钳位、开关元件等。

【例 1-1】　如图 2-1-6(a)所示,设二极管是理想状态的,试分析并画出负载 R_L 两端的电压波形 u_o。

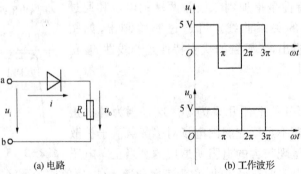

(a) 电路　　　　　　　　　　　(b) 工作波形

图 2-1-6　例 1-1 图

【解】：当 u_i 为正半周时，a 点电位高于 b 点电位，二极管外加正向电压而导通，负载电阻 R_L 中有电流通过，R_L 两端电压为 u_o。假设二极管是在理想状态下，此时 $u_o = u_i$。

当 u_i 为负半周时，a 点电位低于 b 点电位，二极管外加反向电压而截止，R_L 中没有电流通过，其两端电压为零，即 $u_o = 0$。

【例 1 - 2】　根据图 2 - 1 - 7(b) 中给出的 U_A、U_B，分析图 2 - 1 - 7(a) 所示电路中二极管的工作状态，求 U_O 的值，并将结果添入图 2 - 1 - 7(b) 中。设二极管正向压降为 0.7 V。

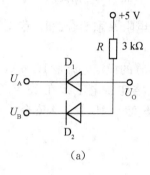

U_A/V	U_B/V	D_1	D_2	U_o/V
0	0	导	导	0.7
0	3	导	截	0.7
3	0	截	导	0.7
3	3	导	导	3.7

（a）　　　　　　　　　　　　　　　　　（b）

图 2 - 1 - 7　例 1 - 2 图

【解】：当 $U_A = U_B$ 时，两个二极管同时导通并钳位。若 $U_A = U_B = 0$ 时，$U_O = 0.7$ V；若 $U_A = U_B = 3$ V 时，$U_O = 3.7$ V。

当 $U_A \neq U_B$ 时，例如 $U_A = 0$ V，$U_B = 3$ V，因 U_A 端电位比 U_B 端低，所以 D_1 优先导通并钳位，使 $U_O = 0.7$ V，此时 D_2 因反偏而截止。同理，当 $U_A = 3$ V，$U_B = 0$ V 时，D_2 导通且钳位，$U_O = 0.7$ V，此时 D_1 反偏而截止。

4. 特殊二极管

（1）稳压管

稳压管是一种特殊的面接触型硅二极管。由于它在电路中与适当的电阻串联后，在一定的电流变化范围内，其两端的电压相对稳定，故称为稳压管。其表示符号和伏安特性如图 2 - 1 - 8 所示。

稳压管的伏安特性与普通二极管的相似，不同的是反向特性曲线比较陡。稳压管正是工作在特性曲线的反向击穿区域。从特性曲线可以看出，在击穿状态下，流过管子的电流在一定的范围内变化，而管子两端的电压变化很小，利用

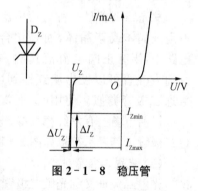

图 2 - 1 - 8　稳压管

这一点可以实现稳压。稳压管与一般二极管不一样，它的反向击穿是可逆的。但是当反向电流超过允许值时，稳压管将会发生热击穿而损坏。

稳压管的主要参数：

① 稳定电压 U_Z。

U_Z 指稳压管反向电流为规定值时，稳压管两端的反向电压。由于半导体器件参数的分散性，同一型号的稳压管，U_Z 的值也不完全相同，它一般是给出一个范围。但就某一管子而言，U_Z 应为确定值。

② 稳定电流 I_Z。

I_Z 是指稳压管在正常工作时的电流值,其中,I_{Zmin} 为最小稳定电流,低于此值时稳压效果差,甚至失去稳压作用。I_{Zmax} 为最大稳定电流,高于此值时稳压管易击穿而损坏。当稳压管的电流在 I_{Zmin} 与 I_{Zmax} 之间时稳压性能最好。

③ 动态电阻 R_Z。

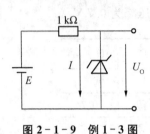

图 2-1-9　例 1-3 图

R_Z 定义为 $R_2 = \dfrac{\Delta U_Z}{\Delta I_Z}$。对同一管子而言,$R_Z$ 值越小,特性曲线就越陡,稳压性能就越好。只有当限流电阻 R 取值合适时,稳压管才能安全地工作在稳压状态。

【例 1-3】　图 2-1-9 中,稳压管的稳定电流是 10 mA,稳压值为 6 V,耗散功率为 200 mW。试问:若电源电压 E 在 18 V 至 30 V 范围内变化,输出电压 U_O 是否基本不变?稳压管是否安全?

【解】:稳压管的稳定电流 $I_Z = 10$ mA。

$$I_{Zmax} = \frac{P_Z}{U_Z} = \frac{200}{6} \text{ mA} = 33.3 \text{ mA}$$

$$E = 18 \text{ V 时}, I = \frac{E - U_O}{R} = \frac{18 - 6}{1\,000} \text{ mA} = 12 \text{ mA}$$

$$E = 30 \text{ V 时}, I = \frac{E - U_O}{R} = \frac{30 - 6}{1\,000} \text{ mA} = 24 \text{ mA}$$

当电源电压在 18 V 至 30 V 范围内变化时,稳压管中的电流在 12 mA 至 24 mA 范围内变化,即 $I_Z < I < I_{Zmax}$,所以输出电压 U_O 基本不变,稳定工作在 6 V,稳压管是安全的。

(2) 发光二极管

发光二极管是一种应用广泛的特殊二极管。发光的材料不是硅晶体或锗晶体,而是化合物如砷化镓、磷化镓等。在电路中,当有正向电流流过时,能发出一定波长范围的光。目前发光管可以发出从红外到可见波段的光。其电特性与普通二极管类似。使用时,通常需串接合适的限流电阻。

目前市场上有发红、黄、绿、蓝等单色光的发光二极管和变色二极管。其表示符号如图 2-1-10(a)所示。

(3) 光电二极管

光电二极管又称光敏二极管,是一种具有随光照强度的增加,其反向电流上升的电特性。其表示符号如图 2-1-10(b)所示。

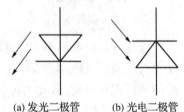

(a) 发光二极管　　(b) 光电二极管

图 2-1-10　发光二极管和
　　　　　　光电二极管

项目四　半导体三极管

1. 基本结构

半导体三极管(简称三极管)又称为晶体管。其基本结构是由两个 PN 结组成。

根据三极管结构的不同,无论是硅管或锗管,都有 PNP 和 NPN 两种类型。三极管有两个 PN 结:发射结和集电结;三个电极:基极 B、发射极 E 和集电极 C。图 2-1-11 是 NPN 型三极管的结构示意图和电路符号,图 2-1-12 是 PNP 型三极管的结构示意图和电路符号。两种型号三极管的符号用发射极上的箭头方向来加以区分。使用时要注意区分发射极和集电极,不能混用。PNP 型三极管和 NPN 型三极管尽管结构不同,但在电路中的工作原理是基本相同的,只是工作时所采用的电源极性相反。

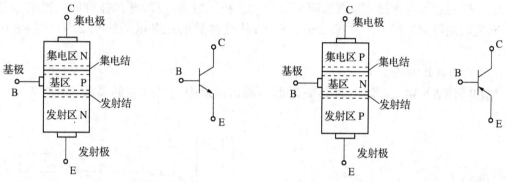

图 2-1-11　NPN 型三极管结构及符号　　　　　图 2-1-12　PNP 型三极管结构及符号

从图中可以看出,三极管有发射区、基区和集电区三个区,分别引出发射极 e、基极 b 和集电极 c。发射区和基区之间的 PN 结称为发射结,集电区和基区之间的 PN 结称为集电结。

2. 放大原理

三极管的各极电流之间有什么关系呢? 通过实验来说明,将三极管按图 2-1-13 连成实验电路,图中晶体管 VT 为 NPN 型管。在三极管的发射结加正向电压,集电结加反向电压,只有这样才能保证三极管工作在放大状态。改变可变电阻 R_P,则基极电流 I_B、集电极电流 I_C 和发射极电流 I_E 都发生变化。

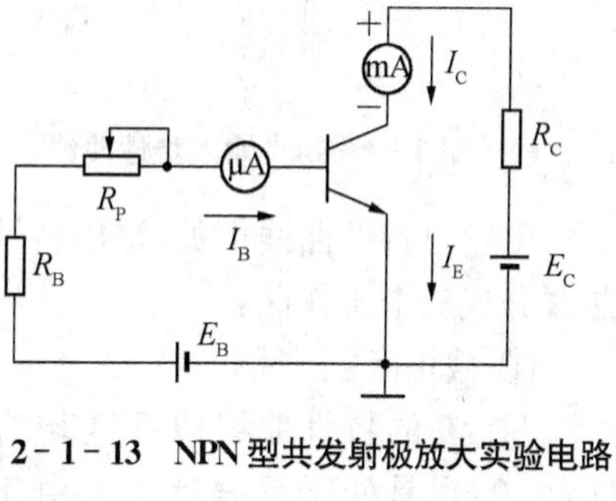

实验时,改变 R_P 的大小使基极电流 I_B 随之改变,然后测量 I_B、I_C 及 I_E 数值,实验结果列于表 2-1-1 中。

图 2-1-13　NPN 型共发射极放大实验电路

表 2-1-1　晶体管电流测试数据

$I_B/\mu A$	0	20	40	60	80	100
I_C/mA	0.005	0.99	2.08	3.17	4.26	5.40
I_E/mA	0.005	1.01	2.12	3.23	4.34	5.50

从表中实验数据可得以下结论:

① 表中测试数据有 $I_E = I_C + I_B$ 的关系。此关系表明三极管电极间的电流分配规律。

② $I_E \approx I_C \geqslant I_B$,发射极电流和集电极电流几乎相等。且远大于基极电流 I_B。

③ $I_C = \beta I_B$,微小 I_B 的变化会引起 I_C 较大的变化。这就是三极管的电流放大作用。

综合上述,要使三极管能起正常的放大作用,发射结必须加正向偏置,集电结必须加反向偏置。对于 PNP 型三极管所接电源极性正好与 NPN 相反。

3. 特性曲线

（1）输入特性曲线

输入特性曲线表示电压 U_{CE} 为参变量时，输入回路中 I_B 与 U_{BE} 间的关系。如图 2-1-14 所示。

晶体管的输入特性也有一个"死区"。在"死区"内，U_{BE} 虽已大于零，但 I_B 几乎仍为零。当 U_{BE} 大于某一值后，I_B 才随 U_{BE} 增加而明显增大。和二极管一样，硅晶体管的死区电压约为 0.5 V，发射结导通电压 $U_{BE} = (0.6 \sim 0.7)$ V，锗晶体管的死区电压约 0.2 V，导通电压约 $(0.2 \sim 0.3)$ V。

（2）输出特性曲线

输出特性表示输入电流 I_B 为在参变量时，输出回路中 I_C 与 U_{CE} 的关系。如图 2-1-15 所示。

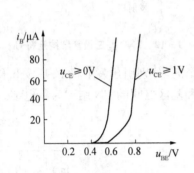

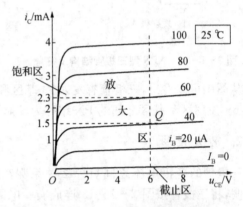

图 2-1-14　输入特性曲线　　　　图 2-1-15　共射极输出特性曲线

由输出特性曲线可见，输出特性分放大、饱和和截止三个区域。通常把三极管的输出特性曲线分成三个工作区：

① 截止区。

$I_B = 0$ 的特性曲线以下区域为截止区。此时晶体管的集电结处于反偏，发射结电压 $U_{BE} \leqslant 0$，也是处于反偏状态。由于 $I_B = 0$，$I_C = \beta I_B$，严格说来也应该为零，晶体管无放大作用。

可见，在基极电流 $I_B = 0$ 所对应的曲线下方的区域是截止区。在这个区域里，$I_B = 0$，$I_C \approx 0$，三极管不导通，也就不能放大。三极管工作在截止区的电压条件是："发射结反偏，集电结也反偏"。

② 饱和区。

晶体管处于饱和状态，这时晶体管失去了放大作用。即晶体管的发射结和集电结都处于正向偏置。晶体管无放大作用。

可见，饱和区，三极管不能起放大作用。三极管工作在饱和区的电压条件是："发射结正偏，集电结也正偏"。

③ 放大区。

晶体管输出特性曲线的饱和区和截止区之间的部分为放大区。工作在放大区的晶体管才具有电流放大作用。此时晶体管的发射结必为正偏，而集电结则为反向偏置。

可见，在放大区这个区域里，基极电流不为零，集电极电流也不为零，且 $I_C = \beta I_B$，具有放大作用。三极管工作在放大区的电压条件是："发射结正偏，集电结反偏"。

【例1-4】 已知图2-1-16中测得各管脚的电压值分别如图中所示值，试判断各三极管各工作在什么区？

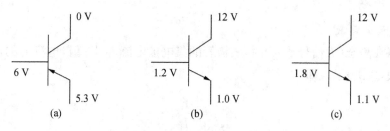

图2-1-16 例1-4图

【解】：分析这类问题主要是根据各区的电压条件来确定三极管的工作区域。

图2-1-16(a)图，三极管为PNP管，因为发射结电压反偏，所以它工作在截止区。

图2-1-16(b)图，因为发射结电压虽然正偏，但小于0.3V，所以也工作在截止区。

图2-1-16(c)图，因为满足"发射结正偏，集电结反偏"的条件，所以它工作在放大区。

【例1-5】 试根据图2-1-17所示管子的对地电位，判断管子是硅管还是锗管？处于哪种工作状态？

【解】：(1) 在图2-1-17(a)中，晶体管为NPN型。由发射结电压$U_{BE}=0.7$ V，知道处于正偏，且是硅管，但是$V_B > V_C$(0.7 V>0.3 V)，因此集电结也处于正向偏置，所以，此NPN型硅管处于饱和状态。

(2) 在图2-1-17(b)中，晶体管为PNP型。发射结电压$U_{BE}=-0.3$ V为正向偏置，所以该管为锗管，又$V_B > V_C$，集电结为反向偏置，所以，此PNP型锗管工作在放大状态。

(3) 在图2-1-17(c)中，发射结电压$U_{BE}=(+0.6-0)$V$=+0.6$ V(注意此管为PNP管)而处于反向偏置，集电结也是反偏($V_B > V_C$)，因此，管子处在截止状态。此处无法判别其为硅管还是锗管。

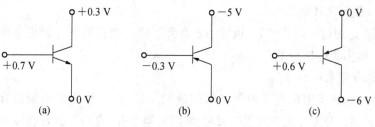

图2-1-17 例1-5图

【例 1-6】 测得工作在放大电路中晶体管三个电极电位：$U_1=3.5$ V，$U_2=2.8$ V，$U_3=12$ V，试判断管型、电极及所用材料。

【解】：判断的依据是工作在放大区时晶体管各电极电位的特点。

若为硅管，$U_{BE}=(0.6\sim0.8)$ V。若为锗管，$U_{BE}=(0.1\sim0.3)$ V。NPN 型，则 $U_C>U_B>U_E$。PNP 型，则 $U_C<U_B<U_E$。由此可见：管型为 NPN 型，硅管，脚 1 基极，脚 2 为发射极，脚 3 为集电极。

4. 主要参数

（1）电流放大系数

共射电路在静态（无信号输入）时，三极管的集电极电流 I_C 与基极电流 I_B 的比值称为直流电流放大系数，用 $\bar{\beta}$ 表示。即

$$\bar{\beta}=\frac{I_C}{I_B}$$

当三极管工作在动态（有信号输入）时，集电极电流的变化量 ΔI_C 与基极电流的变化量 ΔI_B 的比值称为交流电流放大系数，用 β 表示。即

$$\beta=\frac{\Delta I_C}{\Delta I_B}$$

β 与 $\bar{\beta}$ 的含义是不同的。但通常两者数值相近，在估算时，常用 $\beta\approx\bar{\beta}$。

由于制造工艺的分散性，即使同一型号的三极管，β 值也有很大的差别，常用的 β 值在 $20\sim100$ 之间。

（2）极间反向电流

① 集—基极反向饱和电流 I_{CBO}。

指发射极开路时，集电极与基极间的反向电流。

② 集-射极反向饱和电流 I_{CEO}。

指基极开路时，集电极与发射极间的反向电流，也称为穿透电流。

$$I_{CEO}=(1+\beta)I_{CBO}$$

反向电流受温度的影响大，对三极管的工作影响很大，要求反向电流愈小愈好。常温时，小功率锗管 I_{CBO} 约为几微安，小功率硅管在 $1~\mu$A 以下，所以常选用硅管。

（3）集电极最大允许电流

集电极电流 I_C 超过一定值时，三极管的 β 值会下降。当 β 值下降到正常值的三分之一时的集电极电流，称为集电极最大允许电流 I_{CM}。

（4）集电极击穿电压 $U_{(BR)CEO}$

基极开路时，加在集电极与发射极之间的最大允许电压，称为集电极击穿电压 $U_{(BR)CEO}$。当三极管的集射极电压 U_{CE} 大于该值时，I_C 会突然大幅上升，说明三极管已被击穿。

（5）集电极最大允许耗散功率 P_{CM}

当集电极电流流过集电结时要消耗功率而使集电结温度升高，从而会引起三极管参数变

化。当三极管因受热而引起的参数变化不超过允许值时,集电结所消耗的最大功率称为集电极最大允许耗散功率 P_{CM}。

$$P_{CM} = I_C U_{CE}$$

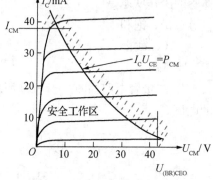

根据此式在输出特性曲线上可画出一条曲线,称为集电极功耗曲线,如图 2-1-18 所示。在曲线的右上方 $I_C U_{CE} > P_{CM}$,这个范围称为过损耗区,在曲线的左下方 $I_C U_{CE} < P_{CM}$,这个范围称为安全工作区。三极管应选在此区域内工作。

P_{CM} 值与环境温度和管子的散热条件有关,因此为了提高 P_{CM} 值,常采用散热装置。

图 2-1-18　晶体管的安全工作区

习　题　一

一、判断题

1. 二极管的电流—电压关系特性可理解为反向偏置导通、正向偏置截止。(　　)

2. 用万用表识别二极管的极性时,若测的是二极管的正向电阻,那么和标有"＋"号的测试棒相连的是二极管的正极,而另一端是负极。(　　)

3. 晶体管由两个 PN 结组成,所以能用两个二极管反向连接起来充当晶体管。(　　)

4. 发射结处于正向偏置的晶体管,其一定是工作在放大状态。(　　)

5. 既然晶体管的发射区和集电区是由同一种类型的半导体(N 型或 P 型)构成,故 E 极和 C 极可以互换使用。(　　)

二、选择题

1. 如果二极管的正、反向电阻都很大,则该二极管(　　)。

　　A. 正常　　　　　　　　　　　　B. 已被击穿

　　C. 内部断路　　　　　　　　　　D. 无法确定

2. 用万用表欧姆挡测试二极管的电阻时,如果用双手分别捏紧测试笔和二极管引线的接触处,测得二极管正、反向电阻,这种测试方法引起显著误差的是(　　)。

　　A. 正向电阻　　　　　　　　　　B. 反向电阻

　　C. 正、反向电阻误差同样显著　　D. 无法判断

3. 当晶体管的两个 PN 结都反偏时,则晶体管处于(　　)。

　　A. 饱和状态　　　　　　　　　　B. 放大状态

　　C. 截止状态　　　　　　　　　　D. 无法确定

4. 晶体管处于饱和状态时,它的集电极电流将(　　)。

　　A. 随基极电流的增加而增加

　　B. 随基极电流的增加而减小

　　C. 与基极电流变化无关,只取决于 U_{CC} 和 R_C

　　D. 与基极电流变化有关,且取决于 β 值

5. NPN 型硅晶体管各电极对地电位分别为 $U_C=9\ V, U_B=0.7\ V, U_E=0\ V$ 所示,则该晶体管的工作状态是(　　)。

A. 饱和 　　　　　　　　　B. 放大

C. 截止 　　　　　　　　　D. 无法确定

三、计算题

1. 二极管电路如图 2-1-19 所示,判断图中的二极管是导通还是截止,并求出 A、O 两端的电压 U_{AO}。

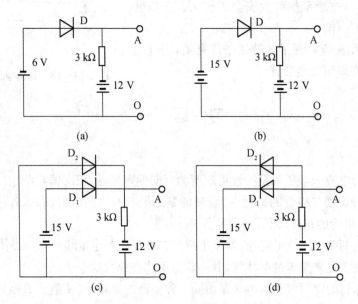

图 2-1-19　计算题 1 图

2. 试判断电路图 2-1-20,当 $U_i=3\ V$ 时哪些二极管导通? 设二极管正向压降为 0.7 V。

3. 试计算电路图 2-1-21 中电流 I_1、I_2 的值。设 D_1、D_2 为理想元件,$I_1=5\ mA$,$I_2=0\ mA$。

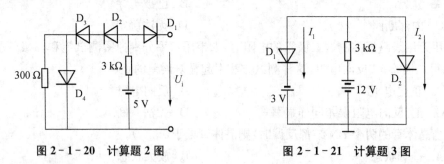

图 2-1-20　计算题 2 图　　　　　　图 2-1-21　计算题 3 图

4. 在图 2-1-22 所示电路中,设 $U_i=6\sin\omega t\ V$,已知 U_D 为 0.7 V,画出 U_O 波形。

5. 电路如图 2-1-23 所示,$E=20\ V, R_1=0.8\ k\Omega, R_2=10\ k\Omega$,稳压管 D_Z 稳定电压 $U_Z=10\ V$,最大稳定电流 $I_{ZM}=8\ mA$。试求稳压管中通过电流 I_Z 是否超过 I_{ZM}? 如果超过,应采取什么措施?

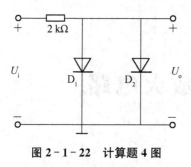

图 2-1-22 计算题 4 图

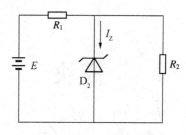

图 2-1-23 计算题 5 图

6. 用万用表直流电压挡测得电路中的三极管三个电极对地电位为图 2-1-24 所示,试判断三极管的工作状态。

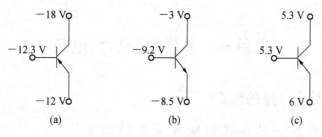

图 2-1-24 计算题 6 图

7. 有两个三极管,一个管子的 $\beta=150$,$I_{CEO}=180\ \mu A$,另一个管子的 $\beta=150$,$I_{CEO}=210\ \mu A$,其他参数一样,你选择哪一个管子?为什么?

8. 某三极管的 $P_{CM}=100\ mW$,$I_{CM}=20\ mA$,$U_{CEO}=15\ V$,问在下列几种情况下,哪种情况能正常工作?

(1) $U_{CE}=3.1\ V$,$I_C=10\ mA$; (2) $U_{CE}=2\ V$,$I_C=40\ mA$;(3) $U_{CE}=6\ V$,$I_C=20\ mA$。

9. 测得三个硅材料 NPN 型三极管的极间电压 U_{BE} 和 U_{CE} 分别如下,试问:它们各处于什么状态?

(1) $U_{BE}=-6\ V$,$U_{CE}=5\ V$;(2) $U_{BE}=0.7\ V$,$U_{CE}=0.5\ V$;(3) $U_{BE}=0.7\ V$,$U_{CE}=5\ V$。

10. 测得三个锗材料 PNP 型三极管的极间电压 U_{BE} 和 U_{CE} 分别如下,试问:它们各处于什么状态?

(1) $U_{BE}=-0.2\ V$,$U_{CE}=-3\ V$;(2) $U_{BE}=-0.2\ V$,$U_{CE}=-0.1\ V$;(3) $U_{BE}=5\ V$,$U_{CE}=-3\ V$。

11. 在晶体管放大电路中,当 $I_B=10\ \mu A$ 时,$I_C=1.1\ mA$,当 $I_B=20\ \mu A$ 时,$I_C=2\ mA$,求晶体管电流放大系数 β,集电极反向饱和电流 I_{CBO} 及集电极反向截止电流 I_{CEO}。

模块二 基本放大电路

放大电路是电子电路中一种常见的电路,本模块内容首先介绍晶体管共发射极放大电路的静态分析和动态分析;然后对共集电极放大电路和功率放大电路进行分析,并介绍一种集成功率放大器件的使用。

项目一 共发射极放大电路

1. 共发射极放大电路的组成

由 NPN 三极管构成的共发射极放大电路如图 $2-2-1$ 所示,这个电路被称为固定偏置的共发射极放大电路,u_i 为输入电压。这个电压可能来自于信号源或者传感器,也可能来自于前级放大电路。R_L 是负载,其两端电压 u_o 为输出电压。该电路中输入电压、电容 C_1、晶体管的基极和发射极组成输入回路,而负载 R_L、电容 C_2、晶体管的集电极和发射极组成输出回路,发射极是输入回路和输出回路的公共端,所以这种方法晶体管放大电路称为共发射极放大电路。

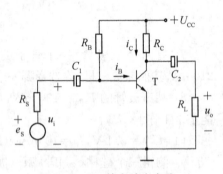

图 $2-2-1$ 基本放大电路

电路中各个元件的作用如下:

晶体管 T。电流放大元件,工作在放大状态,要求发射结正向偏置,集电结反向偏置。这一点由 U_{CC} 的极性和适当的元件参数来保证,

基极偏置电阻 R_B,简称基极电阻。主要为晶体管提供适当大小的静态基极电流 I_B,又称为偏置电流,简称偏流,以确保放大电路有较好的工作性能。R_B 的阻值为几十千欧姆到几百千欧姆。

电源 U_{CC}。U_{CC} 为集电结提供反向偏置电压,保证三极管工作在放大状态。U_{CC} 还是放大电路的能量来源,以便放大电路将直流电能转换成交流电能。

集电极负载电阻 R_C。R_C 的主要作用是将集电极电流的变化转换为电压的变化,实现放大电路的电压放大。否则,三极管集电极的电位始终等于电源 U_{CC},输出电压 u_o 就不会有变化的电压输出。

耦合电容 C_1 和 C_2。这两个电容起着两种作用:一是交流耦合作用,即利用它们传递交流信号。为了减少交流信号的衰减,C_1 和 C_2 应该足够大,一般为几微法到几十微法。二是隔直作用,即阻断信号源、放大器、负载之间的支流通路,从而使直流互不影响。C_1 和 C_2 通常采用

电解电容器,是有极性的。在连接电路时要注意它们的极性。

2. 放大电路的静态分析

当没有输入信号时,即 $u_i = 0$,放大电路中各个支路的电压和电流都不变化,是直流电路。这种状态成为直流工作状态或静止状态,简称静态。静态分析就是预先给定电路的结构和参数,用估算法来计算静态值 I_B、I_C、U_{BE}、U_{CE} 等。

静态时,耦合电容 C_1 和 C_2 视为开路,放大电路简化成图 2-2-2,称此为放大电路的直流通路。

估算法是利用放大电路的直流通路计算各静态值。

基极电流

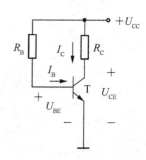

图 2-2-2　共发射极放大电路的直流通路

$$I_B = \frac{U_{CC} - U_{BE}}{R_B}$$

式中,U_{BE} 是三极管基极和发射极之间的电压,其近似值是已知的,硅管可取 0.6 V,锗管可取 0.3 V。

当 $U_{CC} \gg U_{BE}$ 时,上式可近似为

$$I_B = U_{CC}/R_B$$

集电极电流

$$I_C = \beta I_B$$

集电极、发射极之间的电压

$$U_{CE} = U_{CC} - I_C R_C$$

(U_{BE}, I_B)、(U_{CE}, I_C) 在输入特性和输出特性曲线上分别对应一个点,所以这些静态值也称为静态工作点。

【例 2-1】 用估算法求图 2-2-1 所示电路的静态工作点,电路中 $U_{CC} = 9$ V,$R_C = 3$ kΩ,$R_B = 300$ kΩ,$\beta = 50$。

【解】:根据已知条件可计算各个静态值如下:

$$I_B = \frac{U_{CC}}{R_B} = \frac{9}{300 \times 10^3} \ \mu A = 30 \ \mu A$$

$$I_C = \beta I_B = 50 \times 30 \times 10^{-6} \ A = 1.5 \ mA$$

$$U_{CE} = U_{CC} - R_C I_C = (9 - 3 \times 10^3 \times 1.5 \times 10^{-3}) \ V = 4.5 \ V$$

3. 放大电路的动态分析

放大电路的动态分析是在静态值确定后分析信号的传输情况,只考虑电流和电压的交流分量(信号分量)。微变等效电路法和图解法是放大电路动态分析的两种基本方法。本书只对微变等效电路法进行介绍,图解法不作介绍。

放大电路的微变等效电路,就是把非线性元件(晶体管)所组成的放大电路等效为一个线

性电路,即晶体管进行线性化。这样就可以像处理线性电路一样处理晶体管放大电路。非线性元件线性化的条件,就是晶体管在小信号情况下工作才能在静态工作点附近的小范围内用直线近似代替晶体管的特性曲线。因此,微变等效电路法仅适用于输入信号是小信号的情况。

（1）晶体管的微变等效电路

晶体管的等效电路有很多种。在低频放大电路中,经常采用 H 参数等效电路。完整的 H 参数等效有四个元件,这里采用具有两个元件的 H 参数等效电路,如图 2 - 2 - 3 所示。

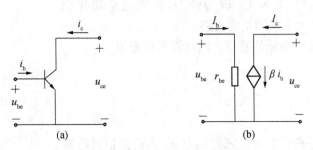

图 2 - 2 - 3　晶体管的简化微变等效电路

① 晶体管输入电阻 r_{be}。在手册中常用 h_{ie} 表示。它表示的是在 U_{CE} 为常数时,B、E 之间在静态工作点 Q 上的动态电阻。

对于低频小功率晶体管,r_{be} 可用下式估算:

$$r_{be} = 300(\Omega) + (1+\beta)\frac{26(\mathrm{mV})}{I_E(\mathrm{mA})}$$

式中,I_E 是发射极电流的静态值。r_{be} 一般为几百欧姆到几千欧姆。

② 电流控制电流源 βi_b。在小信号条件下,β 是一个常数,确定 i_c 受 i_b 控制的关系。因此,晶体管的输出电路可以用一个等效恒流源 $i_c = \beta i_b$ 代替,以表示晶体管的电流控制作用。需要注意的是:βi_b 不但大小受 i_b 控制,而且电流方向也受 i_b 的参考方向控制,即 i_b 的参考方向改变了,βi_b 的电流方向也随之改变。β 值一般在 20～200 之间,在手册中常用 h_{fe} 表示。

（2）放大电路的微变等效电路

直流电源 U_{CC} 的内阻很小,在电源内阻上的交流压降可忽略不计,即电容 C_1、C_2 和直流电源对于交流分量都相当于短路,交流通路如图 2 - 2 - 4(a)所示。将交流通路中的晶体管用微变等效电路代替,即得到放大电路的微变等效电路,如图 2 - 2 - 4(b)所示。交流电压和交流电流用相量表示。

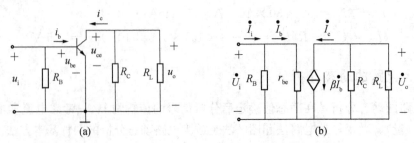

图 2 - 2 - 4　放大电路的微变等效电路

图 2-2-1 所示电路中,如果耦合电容 C_1、C_2 的取值足够大,则交流容抗可以忽略不计;电压放大倍数 A_u 的计算如下:

根据图 2-2-4(b)所示,可得到以下方程

$$\dot{U}_\mathrm{i} = r_\mathrm{be} \dot{I}_\mathrm{b}$$

$$\dot{U}_\mathrm{o} = -R'_\mathrm{L} \dot{I}_\mathrm{c} = -\beta R'_\mathrm{L} \dot{I}_\mathrm{b}$$

式中,$R'_\mathrm{L} = R_\mathrm{C} /\!/ R_\mathrm{L}$。

因此,放大电路的电压放大倍数

$$A_u = \frac{\dot{U}_\mathrm{o}}{\dot{U}_\mathrm{i}} = -\beta \frac{R'_\mathrm{L}}{r_\mathrm{be}}$$

式中的负号表示输出电压 $\dot{U}_\mathrm{o}$ 与输入电压 $\dot{U}_\mathrm{i}$ 的相位是相反的。

当放大电路输出端开路(即没有接 R_L 时),则放大电路的电压放大倍数

$$A_u = -\beta \frac{R_\mathrm{C}}{r_\mathrm{be}}$$

很显然,比接上 R_L 时放大倍数高。可见,R_L 越小,电压放大倍数越低。

① 放大电路的输入电阻 r_i。

放大电路的输入电阻 r_i 为从放大电路输入端看进去的等效电阻,定义为输入电压的相量与输入电流的相量的比值。由图 2-2-4(b)可得到

$$r_\mathrm{i} = \frac{\dot{U}_\mathrm{i}}{\dot{I}_\mathrm{i}} = R_\mathrm{B} /\!/ r_\mathrm{be}$$

通常情况下,$R_\mathrm{B} \gg r_\mathrm{be}$,所以

$$r_\mathrm{i} \approx r_\mathrm{be}$$

它是对交流信号而言的动态电阻。

② 放大电路的输出电阻 r_o。

放大电路的输出电阻 r_o 定义为从放大电路的输出端看进去的等效电阻。当输入端短路时,$\dot{I}_\mathrm{b}$ 和 $\beta \dot{I}_\mathrm{b}$ 也等于零,即相当于 $\beta \dot{I}_\mathrm{b}$ 这个受控源开路,所以

$$r_\mathrm{o} = R_\mathrm{C}$$

r_o 也是对交流信号而言的动态电阻。R_C 一般为几千欧姆。

【例 2-2】 放大电路如图 2-2-1 所示,已知 $R_\mathrm{B} = 300 \text{ k}\Omega$,$R_\mathrm{C} = 2 \text{ k}\Omega$,$R_\mathrm{L} = 6 \text{ k}\Omega$,$\beta = 50$,$U_\mathrm{CC} = 12 \text{ V}$,试求:(1) 放大电路不接负载电阻 R_L 时的电压放大倍数;(2) 放大电路接有负载电阻 R_L 时的电压放大倍数;(3)放大电路的输入电阻 r_i 和输出电阻 r_o。

【解】:先计算 r_be。

$$I_B = \frac{U_{CC} - U_{BE}}{R_B} \approx \frac{U_{CC}}{R_B} = \frac{12}{300 \times 10^3} \mu A = 40 \mu A$$

$$I_E = (1 + \beta) I_B = (1 + 50) \times 40 \times 10^{-3} A = 2.04 \text{ mA}$$

$$r_{be} = 300 + (1 + \beta) \frac{26}{I_E} = \left[300 + (1 + 50) \times \frac{26}{2.04} \right] \Omega = 0.95 \text{ k}\Omega$$

（1）不接 R_L 时

$$A_u = -\beta \frac{R_C}{r_{be}} = -50 \times \frac{2}{0.95} = -105.26$$

（2）接有负载 R_L 时

$$A_u = -\beta \frac{R_C \mathbin{/\mkern-5mu/} R_L}{r_{be}} = -50 \times \frac{2 \mathbin{/\mkern-5mu/} 6}{0.95} = -78.95$$

（1）输入电阻

$$r_i = R_B \mathbin{/\mkern-5mu/} r_{be} \approx r_{be} = 0.95 \text{ k}\Omega$$

输出电阻

$$r_o = R_C = 2 \text{ k}\Omega$$

4. 非线性失真

放大电路的一个基本要求就是输出信号尽可能地不失真。所谓的失真,指的是输出波形不像输入波形的情形。引起失真的原因有许多种,例如静态工作点不合适,使得放大电路的工作范围超出了晶体管特性曲线的放大区范围,这种失真称为非线性失真。

在图 2-2-5 中,由于电路参数选择不当或环境温度变化等原因,静态工作点 Q 的位置太低,i_B、i_C 和 i_{CE} 等电压、电流的后半个周期的部分或全部波形将被截去;此时输出波形不再是正弦波,即发生了失真。这种由于晶体管处于截止状态或接近截止状态而引起的失真,称为截止失真。

在图 2-2-6 中,如果静态工作点太高,则 i_C 和 i_{CE} 前半个周期的部分或全部波形被截去,输出也不是正弦波,即也发生了失真。这种由于晶体管处于或接近饱和区状态而引起的失真,称为饱和失真。

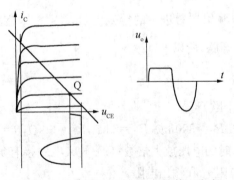

图 2-2-5　工作点过低引起的截止失真

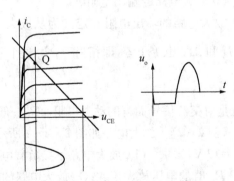

图 2-2-6　工作点过高引起的饱和失真

项目二 分压式偏置共发射极放大电路

1. 静态工作点的稳定

如前所述,对于固定偏置的放大电路,要得到合适的静态工作点是容易的。但是,这种电路却难以保证在温度变化、电源电压变化或期间老化等情况下静态工作点仍能恒定不变。在这些影响静态工作点的因素中,温度是变化最频繁和影响最大的因素。下面讨论温度对静态工作点的影响。

几乎所有的元件性能参数都是随温度的变化而变化的,但以晶体管的特性参数(U_{BE},β、I_{CBO} 等)随着温度改变时,对放大电路静态工作点的影响最显著。它们的变化情形如下:

U_{BE}——温度每升高 1 ℃,U_{BE} 下降约 2 mV;

β——温度每升高 1 ℃,β 增大 $0.5\% \sim 1\%$;

I_{CBO}——温度每升高 10 ℃,I_{CBO} 约增大 1 倍。

因此,在固定偏置的放大电路中,当温度升高时,上面三个参数发生变化,将促使 I_C 增大($I_C = \beta I_B + I_{CBO}$),输出特性曲线上移,静态工作点也上移,容易引起饱和失真,如图 $2-2-7$ 所示。

反之,温度降低时,上面三个参数的变化将导致 I_C 减小,输出特性曲线下移,静态工作点也下移,容易引起截止失真。

由此可见,固定偏置放大电路虽然简单,但是没有稳定静态工作点的能力。下面介绍分压式偏置放大电路,它具有这种能力。

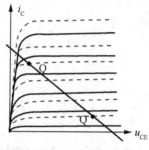

图 $2-2-7$ 温度对静态工作点的影响

2. 分压式偏置共发射极放大电路分析

分压式偏置放大电路如图 $2-2-8$(a)所示,这是一种具有自动稳定静态工作点的放大电路,其中 R_{B1} 和 R_{B2} 构成偏置电阻,R_E 为发射极电阻,C_E 为发射极电阻交流旁路电容,是电解电容,其容量一般为几十微法到几百微法。

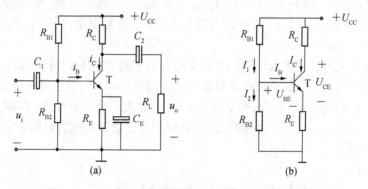

图 $2-2-8$ 分压式偏置共发射极放大电路及直流通路

由图 $2-2-8$(b)所示的直流通路可以列出

$$I_1 = I_2 + I_B$$

选择电路元件参数,使得

$$I_2 \gg I_B$$

则

$$I_1 \approx I_2 \approx \frac{U_{CC}}{R_{B1} + R_{B2}}$$

晶体管的基极电位

$$U_B = R_{B2} I_2 = \frac{R_{B2}}{R_{B1} + R_{B2}} U_{CC}$$

即可以认为:U_B 与晶体管的参数无关,仅仅由 R_{B1} 和 R_{B2} 构成的分压电路来确定。因此加上发射极电阻之后,有

$$U_{BE} = U_B - U_E = U_B - I_E R_E$$

如果使得

$$U_B \gg U_{BE}$$

则

$$I_C \approx I_E = \frac{U_B - U_{BE}}{R_E} \approx \frac{U_B}{R_E}$$

即也可以认为 I_C 不受温度的影响。

对于分压式偏置放大电路,只要满足上式两个条件,U_B、I_E 和 I_C 几乎与晶体管的参数无关,不受温度变化的影响,从而使得静态工作点基本稳定。对于硅管而言,在估算时一般选取 $I_2 = (5 \sim 10) I_B$ 和 $U_B = (5 \sim 10) U_{BE}$。

分压式偏置放大电路自动稳定静态工作点的物理过程可表示如下:

温度升高→$I_C \uparrow$→$U_E \uparrow$→$U_{BE} \downarrow$→$I_B \downarrow$→$I_C \downarrow$

即当温度升高时,I_C 和 I_E 增大,$U_E = I_E R_E$ 也增大。由于 U_B 为 R_{B1} 和 R_{B2} 构成的分压电路来固定,根据上式,则 U_{BE} 减小,从而引起 I_B 减小,使得 I_C 自动下降,静态工作点大致回到原来的位置。

分压式偏置放大电路中接入发射极电阻 R_E,发射极电流的直流分量通过它,起到自动稳定静态工作点的作用;另外,如果没有发射极交流旁路电容 C_E,发射极电流的交流分量也通过它,当然会产生交流压降,从而降低放大电路的电压放大倍数。而在 R_E 两端并联上电容 C_E 后,如图 2-2-8(a)所示,对直流分量没有影响;对交流分量可以视为短路,不会影响到放大电路的电压放大倍数。

(1) 静态分析

由图 2-2-8(b),根据上式,计算得到 I_C 和 I_E,另

$$I_B = \frac{I_C}{\beta}$$

$$U_{CE} = U_{CC} - R_C I_C - R_E I_E$$

（2）动态分析

分压式偏置电路如图 2-2-9 所示，图 2-2-9(a)为交流通路，图 2-2-9(b)为微变等效电路。根据图 2-2-9(b)，放大电路的电压放大倍数为

$$A_u = \frac{\dot{U}_o}{\dot{U}_i} = \frac{-\beta \dot{I}_b \times R'_L}{\dot{I}_b \times r_{be}} = -\beta \frac{R'_L}{r_{be}}$$

式中，$R'_L = R_C // R_L$，

输入电阻：$r_i = R_{B1} // R_{B2} // r_{be}$；

输出电阻：$r_o = R_C$。

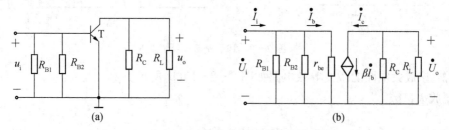

图 2-2-9　分压式偏置放大电路及其微变等效电路

【例 2-3】　电路如图 2-2-8 所示，$R_{B1} = 39 \text{ k}\Omega$，$R_{B2} = 20 \text{ k}\Omega$，$R_C = 2.5 \text{ k}\Omega$，$R_E = 2 \text{ k}\Omega$，$R_L = 5.1 \text{ k}\Omega$，$U_{CC} = 12 \text{ V}$，三极管的 $\beta = 40$，$r_{be} = 0.9 \text{ k}\Omega$，试估算静态工作点，计算电压放大倍数 A_u、输入电阻 r_i 和输出电阻 r_o。

【解】：静态工作点

$$U_B = \frac{R_{B2}}{R_{B1} + R_{B2}} U_{CC} = \frac{20}{39 + 20} \times 12 \text{ V} = 4.1 \text{ V}$$

$$I_C \approx I_E = \frac{V_B - U_{BE}}{R_E} = \frac{4.1 - 0.7}{2 \times 10^3} \text{ A} = 1.7 \text{ mA}$$

$$I_B = \frac{I_C}{\beta} = \frac{1.7 \times 10^{-3}}{40} \text{ A} = 42.5 \text{ } \mu A$$

$$U_{CE} = U_{CC} - I_C R_C - I_E R_E$$
$$= (12 - 1.7 \times 10^{-3} \times 2.5 \times 10^3 - 1.7 \times 10^{-3} \times 2 \times 10^3) \text{ V} = 4.35 \text{ V}$$

动态分析，图 2-2-9(b)所示为电路的微变等效电路。

电压放大倍数

$$A_u = -\beta \frac{R'_L}{r_{be}} = -40 \times \frac{2.5 // 5.1}{0.9} = -74.6$$

输入电阻和输出电阻

$$r_i = R_{B1} // R_{B2} // r_{be} \approx r_{be} = 0.9 \text{ k}\Omega$$
$$r_o = R_C = 2.5 \text{ k}\Omega$$

【例2-4】 电路如图2-2-10所示，$R_{B1}=39$ kΩ，$R_{B2}=13$ kΩ，$R_C=2.4$ kΩ，$R_{E1}=0.2$ kΩ，$R_{E2}=1.8$ kΩ，$R_L=5.1$ kΩ，$U_{CC}=12$ V，三极管的$\beta=40$，$r_{be}=1.09$ kΩ，试画出该电路的微变等效电路，并计算电压放大倍数A_u、输入电阻r_i和输出电阻r_o。

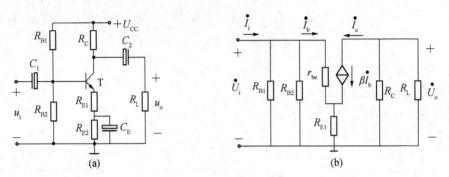

图2-2-10 例2-4图

【解】：该放大电路的微变等效电路如图2-2-10(b)所示。

电压放大倍数

$$A_u = \frac{\dot{U}_o}{\dot{U}_i} = \frac{-\beta \dot{I}_b \times R'_L}{\dot{I}_b \times r_{be} + (1+\beta)\dot{I}_b \times R_{E1}}$$

$$= -\beta \frac{R'_L}{r_{be} + (1+\beta)R_{E1}} = -40 \times \frac{2.4 /\!/ 5.1}{1.09 + (1+40) \times 0.2} \approx -7$$

输入电阻和输出电阻

$$r_i = R_{B1} /\!/ R_{B2} /\!/ [r_{be} + (1+\beta)R_{E1}]$$

$$= 39 /\!/ 13 /\!/ [1.09 + (1+40) \times 0.2] \text{ kΩ} \approx 4.76 \text{ kΩ}$$

$$r_o = R_C = 2.4 \text{ kΩ}$$

*项目三 射极输出器

射极输出器的电路如图2-2-11(a)所示，是从射极输出。电路中晶体管的集电极成为输入回路和输出回路的公共端，所以，它实际上是一个共集电极的晶体管放大电路。对于射极输出器，要特别注意其特点和用途。

1. 静态分析

由图2-2-11(b)直流通路可得

$$U_{CC} = I_B R_B + U_{BE} + I_E R_E = I_B R_B + U_{BE} + (1+\beta)I_B R_E$$

$$I_B = \frac{U_{CC} - U_{BE}}{R_B + (1+\beta)R_E}$$

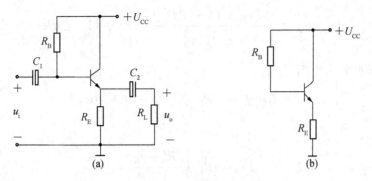

图 2 - 2 - 11　射极输出器及其直流通路

$$I_C = \beta I_B$$

$$U_{CE} = U_{CC} - I_E R_E \approx U_{CC} - I_C R_E$$

2. 动态分析

射极输出器的交流通路和微变等效电路如图 2 - 2 - 12 所示。

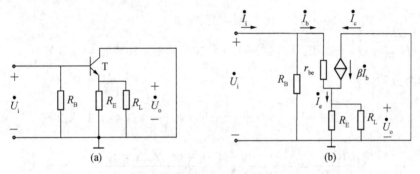

图 2 - 2 - 12　射极输出器交流通路及其微变等效电路

由图 2 - 2 - 12(b)，可以列出以下式子

$$\dot{U}_o = \dot{I}_e R'_L = (1+\beta)\,\dot{I}_b R'_L$$

式中，$R'_L = R_E /\!/ R_L$。

$$\dot{U}_i = \dot{I}_b r_{be} + \dot{U}_o = \dot{I}_b [r_{be} + (1+\beta)R'_L]$$

所以，电压放大倍数

$$A_u = \frac{\dot{U}_o}{\dot{U}_i} = \frac{(1+\beta)R'_L}{r_{be} + (1+\beta)R'_L}$$

通常，$r_{be} \ll (1+\beta)R'_L$，所以射极输出器的电压放大倍数 $A_u \approx 1$，说明 $\dot{U}_o \approx \dot{U}_i$，即输出电压不但与输入电压同相，而且大小也是接近相等。故射极输出器又称为射极跟随器。

先计算输入电阻

$$r'_i = \frac{\dot{U}_i}{\dot{I}_b} = \frac{\dot{I}_b[r_{be} + (1+\beta)R'_L]}{\dot{I}_b} = r_{be} + (1+\beta)R'_L$$

射极输出器的输入电阻

$$r_i = R_B /\!/ r'_i = R_B /\!/ [r_{be} + (1+\beta)R'_L]$$

输出电阻

$$r_o = R_E /\!/ \frac{R'_s + r_{be}}{1+\beta}$$

式中，$R'_s = R_E /\!/ R_B$

【例 2 - 5】 电路如图 2 - 2 - 11(a)所示，$U_{CC} = 12\ \text{V}$，$R_B = 150\ \text{k}\Omega$，$R_E = 4\ \text{k}\Omega$，$R_L = 4\ \text{k}\Omega$，晶体管的 $\beta = 50$，试求：(1)静态值 I_B、I_C 和 U_{CE}；(2) 动态值 A_u、r_i 和 r_o。

【解】：(1) 计算静态值

$$I_B = \frac{U_{CC} - U_{BE}}{R_B + (1+\beta)R_E} = \frac{12 - 0.6}{150 \times 10^3 + (1+50) \times 4 \times 10^3}\ \text{A} \approx 32\ \mu\text{A}$$

$$I_C = \beta I_B = 50 \times 32 \times 10^{-6}\ \text{A} = 1.6\ \text{mA}$$

$$U_{CE} \approx U_{CC} - I_C R_E = (12 - 1.6 \times 10^{-3} \times 4 \times 10^3)\ \text{V} = 5.6\ \text{V}$$

(2) 动态分析

$$r_{be} = 300 + (1+\beta)\frac{26}{1.6} = \left[300 + (1+50) \times \frac{26}{1.6}\right]\Omega = 1.13\ \text{k}\Omega$$

$$A_u = \frac{(1+\beta)R'_L}{r_{be} + (1+\beta)R'_L} = \frac{(1+50) \times (4/\!/4) \times 10^3}{1.13 \times 10^3 \times (1+50) \times (4/\!/4) \times 10^3} \approx 0.99$$

$$r_i = R_B /\!/ r'_i = R_B /\!/ [r_{be} + (1+\beta)R'_L] = 150 /\!/ [1.13 + (1+50) \times (4/\!/4)]$$
$$\approx 61.1(\text{k}\Omega)$$

$$r_o = R_E /\!/ \frac{R'_s + r_{be}}{1+\beta} = 4 \times 10^3 /\!/ \frac{0 + 1.13 \times 10^3}{1+50} \approx 22(\Omega)$$

从上面的计算可以看出：与共发射极放大电路相比，射极输出器的输入电阻很大，输出电阻很小，所以常常被用作为放大器的输入级或输出级。射极输出器也常用作中间级，即两级共发射极放大电路之间加一级放大电路——射极输出器，以隔离前后级放大电路之间的相互影响。在这里，射极输出器起到阻抗变化的作用。

项目四　功率放大电路

在电子设备中，最后一级放大电路一定要带动一定的负载。例如，使扬声器发出声音；使电动机旋转等。要完成这些要求，末级放大电路不但要输出大幅度的电压，还要输出大幅度的电流,即向负载提供足够大的功率。这种放大电路称为功率放大电路。

功率放大电路与前面介绍的电压放大电路并没有本质的区别,只是两者所完成的任务要求不同。电压放大电路,通常工作在小信号状态,要求在不失真的情况下,输出尽量大的电压信号。而功率放大电路,通常是工作在大信号状态,要求在不失真(或失真允许的范围内)的情况下,向负载输出尽量大的信号功率。本项目内容主要介绍功率放大器的工作原理和分析方法。

1. 功率放大器的特殊要求

(1) 要求输出功率尽可能大

负载得到的功率为 $P_o = U_o I_o$,其中 U_o、I_o 分别是正弦输出电压和输出电流的有效值。为了得到足够大的功率输出,要求功放管的电压和电流有足够大的输出幅值,对功放管的极限参数要求较高。

(2) 效率要求高

功率放大器主要是把直流电源提供的能量转换为交流能量传送到负载,因此就存在一个效率的问题。功率放大器要求其效率要高。效率定义如下

$$\eta = \frac{P_o}{P_E}$$

式中,P_o 是负载得到的交流信号有功功率;P_E 是电源提供的直流功率。

(3) 非线性失真尽量减小

功率放大器是在大信号状态下工作,即动态范围大,因此就不可避免地会产生非线性失真。在要求输出功率足够大的情况下,允许一定范围的非线性失真,但是,应该使非线性尽量减小。

2. 互补对称功率放大电路

基本互补对称功率放大电路如图 2-2-13 所示,电路中 T_1 和 T_2 分别是 NPN 型和 PNP 型晶体管,而且两晶体管的特性参数相同,两管的基极和发射极连接在一起,信号从基极输入,从发射极输出,R_L 为负载电阻。该电路实质上就是一个复合的射极跟随器。

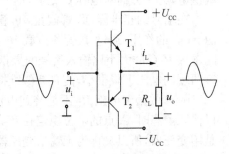

图 2-2-13　基本互补对称功率放大电器

静态时,由于两管基极偏置电流 $I_B = 0$,$I_C = 0$,$U_{CE} = U_{CC}$。两管都工作在乙类状态。

动态时,如果忽略发射结的死区电压,则当输入电压 u_i 为正时,T_1 管导通,T_2 管截止,电流由 T_1 的射极流出经过负载 R_L,产生输出电压 u_o 的正半周;当输入电压 u_i 为负时,T_1 管截止,T_2 管导通,电流由 T_2 的射极流出经过负载 R_L,产生输出电压 u_o 的负半周。这样,T_1、T_2 两个晶体管轮流导通、交替工作,工作特性对称,互补对方所缺的半个输出电压波形,所以被称为互补对称电路。

但是,实际上,由于发射结死区电压的影响,当输入电压过零附近而且小于晶体管的死区电压时,晶体管截止,输出电流、输出电压近似为零,即在 T_1 与 T_2 导通、截止的交替处的输出

波形便衔接不上而产生失真,如图 2-2-14 所示,这种失真称为交越失真。

为了消除交越失真,一般在两个晶体管的基极之间加上二极管(或者电阻,或电阻和二极管的串联),如图 2-2-15 所示。图中的晶体管 T_3 是前级放大电路,利用 T_3 管的静态电流在 D_1 和 D_2 上产生的直流正向压降,作为 T_1 和 T_2 管的正向偏置电压,使得静态时 T_1 和 T_2 管处于开始导通状态,从而克服了 T_1 和 T_2 管死区电压的影响,消除了交越失真。这个电路中由于输出不用电容,成为无电容输出的互补对称电路,简称 OCL 电路。

图 2-2-15 中使用了双电源,为了减少电源数目,可以去掉负电源,而在负载电路中串联一个容量较大的电容 C(数百到数千微法)代替负电源,如图 2-2-16 所示。图中 T_1 和 T_2 管组成互补对称电路输出级,工作在甲乙类状态。T_3 是推动管,是为了使互补对称电路具有尽可能大的输出功率。

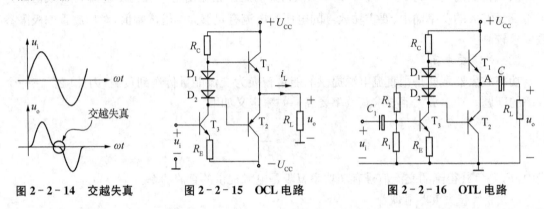

图 2-2-14　交越失真　　　　图 2-2-15　OCL 电路　　　　图 2-2-16　OTL 电路

静态时,一般只要选取 R_1、R_2 的数值,给 T_1 管和 T_2 管提供一个合适的偏置电流,从而使电容的两端充电电压 $U_C = U_A = U_{CC}/2$。

当有信号输入时,在信号的负半周,T_1 管截止,T_2 管导通,电源 U_{CC} 通过 T_2 管一方面向负载供电,另一方面对电容 C 充电,形成输出电压 u_o 的正半周。

在信号的正半周,T_2 管截止,T_1 管导通,已经充电的 C 两端电压起着图 2-2-15 中负电源 $-U_{CC}$ 的作用,通过 T_1 管和负载 R_L 放电,形成输出电压 u_o 的负半周。在这里,要求放电时间常数 $R_L C$ 的大小比输入信号的周期大得多,才能保证在输出电压整个负半周放电期间,电容两端的电压下降很小,使它近似维持 $U_{CC}/2$。

T_3 管的偏置电阻 R_2 不是接到电源 U_{CC} 的正极,而是接到 A 点,是为了引入电压负反馈,以保证静态时,A 点的电位稳定在 $U_{CC}/2$。这种电路的输出通过电容 C 与负载 R_L 耦合,而不是用变压器,所以又称为无输出变压器互补对称电路(OTL 电路)。

*项目五　差动放大电路

如前所述,单级放大电路的电压放大倍数有限,可能达不到实际所需的电压放大倍数。这时,就要将放大电路一级一级地连接起来组成多级放大器。因此,先讨论一下多级放大器的联接方式。

1. 多级放大器的耦合方式

在多级放大器中,相邻的两个单级放大器之间为了传递信号而选用的连接方式称为耦合方式。对于多级放大器,耦合方式有变压器耦合方式、阻容耦合方式和直接耦合方式。而电压放大器常采用直接耦合方式和阻容耦合方式,如图 2-2-17 所示,第一级和第二级放大器间采用了阻容耦合方式,而第二级和第三级放大器间采用了直接耦合方式。

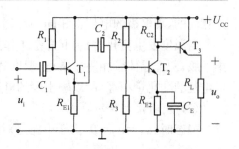

阻容耦合是通过耦合电容将两级放大器连接起来。由于电容具有"通交流隔直流"的特性,将前后级放大器的直流通路隔断,各级放大器的静态值可以独

图 2-2-17　多级放大器级间耦合方式

立计算,而电容对交流信号阻碍作用很小,不影响交流信号的通过。但是,对于变化缓慢(即频率很低)的信号,如温度的变化,由于耦合电容的容抗很大,放大器的电压放大倍数很小,甚至没有放大作用。

直接耦合是把两级放大器直接连接起来,它们之间不接电容,因此,这种放大电路可以放大缓慢变化的信号。但是直接耦合带来了阻容耦合放大器所没有的问题:静态工作点相互影响和零点漂移。

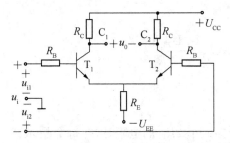

图 2-2-18　典型差动放大器

(1) 前后级放大电路静态工作点的相互影响

图 2-2-18 中,第二级和第三级放大器间采用了直接耦合方式,第二级放大器的集电极直流电位等于第三级放大器的基极直流电位。为了使前后级放大器有一个合适的静态工作点,通常在后一级电路中的发射极串接一个电阻或接入具有一定稳定电压的稳压二极管,以提高前一级的集电极直流电位,保证电路正常工作。但是,这样就会提高对电源电压的要求。

(2) 零点漂移

一个理想的直接耦合放大器,当输入信号为零时,输出端的电位应该保持不变。但实际上,由于温度、射频等因素的影响,直接耦合的多级放大器在输入信号为零时,输出端的电位会偏离初始设定值,产生缓慢而不规则的波动,这种输出端电位的波动现象,称为零点漂移。由于第一级的零点漂移经过后面多级放大器的放大,在输出端的漂移信号甚至"淹没"了有效信号。因此,抑制第一级的零点漂移至关重要。

引起零点漂移的原因很多,如电源的波动,晶体管参数随温度的变化,电路元件参数的变化等,其中温度的影响最严重。温度对零点漂移的影响,称为温度漂移。下面的分析中主要讨论温度漂移的影响及抑制。

2. 差动放大器

(1) 差动放大器对温度漂移的抑制

典型的差动放大器如图 2-2-18 所示,该电路具有对称性。两个晶体管的型号相同,特性一致,相应的电阻阻值相等。信号电压由两个晶体管的基极与地之间输入,输出电压从两个晶体管的集电极之间输出。这种电路称为双端输入—双端输出方式差动放大电路。

静态时,$u_{i1} = u_{i2} = 0$,两个输入端视为短路,电源 U_{EE} 通过电阻 R_E 向各个晶体管提供偏置电流,来建立一个合适的晶体工作点。由于电路是对称的,两管的基极电位相同,基极电流也是相同的,集电极的电位也相同,所以输出电压 $u_o = U_{C1} - U_{C2} = 0$。

当温度发生变化时,引起静态工作点的变化。由于差动放大器一般作为集成放大电路的第一级,两个晶体管相距非常近,温度对两个晶体管的影响是相同的,因此两个晶体管的集电极电位的变化量相等,所以输出端的电压仍然为零,从而克服了温度漂移。

(2) 差动放大器的静态分析

静态时,$u_{i1} = u_{i2} = 0$,由于电路是对称的,由输入回路可以得到

$$I_{B1} = I_{B2} = I_B = \frac{U_{EE} - U_{BE}}{R_B + 2(1 + \beta)R_E}$$

其中,β 是晶体管的电流放大倍数。

当 $U_{EE} \gg U_{BE}$,$2(1 + \beta)R_E \gg R_B$ 时,则有

$$I_B \approx \frac{U_{EE}}{2(1 + \beta)R_E}$$

$$I_{C1} = I_{C2} = I_C = \beta I_B \approx \frac{U_{EE}}{2R_E}$$

$$U_{C1} = U_{C2} = U_C = U_{CC} - I_C R_C \approx U_{CC} - \frac{U_{EE}R_C}{2R_E}$$

$$I_{E1} = I_{E2} = (1 + \beta)I_B \approx \frac{U_{EE}}{2R_E}$$

从上可知,静态时,每个管子的发射极电路中相当于接入了 $2R_E$ 的电阻,这样每个晶体管的工作点稳定性都得到提高。U_{EE} 的作用是补偿 R_E 上的直流压降,使得晶体管有合适的工作点。

(3) 差动放大器的动态分析

① 差动放大器有两个输入端,分别接信号 u_{i1} 和 u_{i2}。根据 u_{i1}、u_{i2} 大小和极性可分为下列三种类型。

a. 共模信号。

两个输入信号电压的大小相等,极性相同,即 $u_{i1} = u_{i2}$,这样的输入信号称为共模信号。

b. 差模信号。

两个输入信号电压的大小相等,极性相反,即 $u_{i1} = -u_{i2}$,这样的输入信号称为差模信号。

c. 比较信号。

在一般情形下,两个输入信号既不是共模信号也非差模信号,它们的大小和极性都是任意的,这样两个输入信号称为任意信号。对于任意两个输入比较信号 u_{i1} 和 u_{i2},都可以将其分解为差模信号和共模信号分量两部分,其中差模信号为

$$u_{id} = u_{i1} - u_{i2}$$

共模信号是两个输入信号的算术平均值。即

$$u_{ic} = \frac{1}{2}(u_{i1} + u_{i2})$$

这样,两个输入信号可以用差模分量和共模分量表示为

$$u_{i1} = u_{ic} + \frac{1}{2}u_{id}$$

$$u_{i2} = u_{ic} - \frac{1}{2}u_{id}$$

在任意比较信号情形下,输出电压为

$$u_o = u_{od} + u_{oc} = A_{ud}u_{id} + A_{uc}u_{ic}$$

式中,A_{ud}为差模放大倍数;A_{uc}为共模放大倍数。理想的差动放大器共模放大倍数为零。

（2）差模输入分析

如图 2-2-18 所示,每个晶体管的输入电压为输入电压 u_i 的一半,而且极性相反,即

$$u_{i1} = \frac{1}{2}u_i, \ u_{i2} = -\frac{1}{2}u_i$$

在这种情况下,T_1管和T_2管的集电极电流一个增大,但另一个晶体管的集电极电流却减少,输出端就有放大了的电压信号。假设单边放大电路的电压放大倍数都为A_{ud1},则差动放大器的输出电压为

$$u_o = u_{o1} - u_{o2} = A_{ud1}u_{i1} - A_{ud1}u_{i2} = A_{ud1}(u_{i1} - u_{i2}) = A_{ud1}u_i$$

则差模输入电压放大倍数 A_{ud} 为

$$A_{ud} = \frac{u_o}{u_i} = A_{ud1} = -\beta\frac{R_C}{R_B + r_{be}}$$

即差动放大器的差模电压放大倍数与单边放大电路的电压放大倍数相等。

如果在两个晶体管的集电极之间接上负载电阻R_L。则差模电压放大倍数为

$$A_{ud} = -\beta\frac{R_L'}{R_B + r_{be}}$$

其中,
$$R_L' = R_C /\!/ \frac{1}{2}R_L$$

差模输入情形下,电路中的发射极公共电阻 R_E 上的动态电流为零,对差模信号没有影响。

（3）共模输入分析

如图 2-2-18 所示,在共模信号的作用下,T_1管和T_2管相应电量的变化完全相同,显然,输出电压 $u_o = u_{o1} - u_{o2} = 0$,则共模电压放大倍数

$$A_{uc} = 0$$

发射极电阻 R_E 对共模信号具有很强的抑制能力。当共模信号使得两个晶体管的集电极电流同时增大时,流过 R_E 的电流就会成倍地增加,发射极电位升高,从而导致发射结的两端电压减小,抑制了集电极电流的增加。

（4）共模抑制比

对于一个理想的差动放大器,应该是有效地放大差模信号,完全抑制共模信号。但是,由于电路不能完全对称,因此共模电压放大倍数不可能为零。通常把差动放大器的差模电压放大倍数 A_{ud} 与共模电压放大倍数 A_{uc} 之比,称为共模抑制比,用 K_{CMRR} 表示。

$$K_{CMRR} = \frac{A_{ud}}{A_{uc}}$$

也可以用对数形式表示 $K_{CMRR} = 20 \lg \dfrac{A_{ud}}{A_{uc}}$,其单位是分贝 dB。

K_{CMRR} 是用来衡量差动放大器抑制共模信号能力的,K_{CMRR} 的值越大,表示差动放大电路对共模信号的抑制能力越强,差动电路的性能也就越好。

（5）差动放大器的其他输入、输出方式

差动放大电路除了前面所述的双端输入—双端输出方式外,还有双端输入—单端输出方式,如图 2-2-19（a）所示;单端输入—双端输出方式,如图 2-2-19（b）所示;单端输入—单端输出方式,如图 2-2-19（c）所示等方式,这些输入、输出方式在实际中也经常使用。

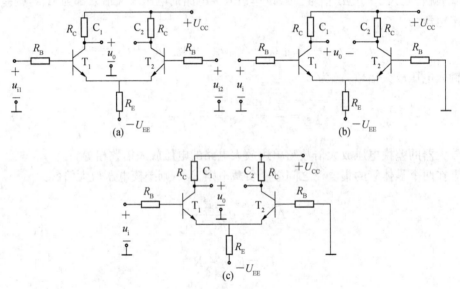

图 2-2-19　差分电路的其他输入、输出方式

提示:单端输出时,电压放大倍数只有双端输出时电压放大倍数的一半;单端输入等效于差模的双端输入。推导过程在此不作介绍。

*项目六　放大电路中的负反馈

反馈是改善放大电路性能的一种重要手段,因此,在电子技术中得到广泛的应用。在各种电子设备和仪器的放大电路中,几乎都引入了某种形式的反馈。

1. 什么是反馈

在电子系统中,把放大电路的输出量(输出电压或输出电流)的一部分或全部,通过反馈网络,反送到输入回路中的过程就叫反馈。反馈构成一个闭环系统,使放大电路的净输入量不仅受到输入信号的控制,而且受到放大电路输出量的影响。连接输出回路与输入回路的中间环节叫反馈网络,把引入反馈的放大电路叫作反馈放大电路,也叫闭环放大电路,而未引入反馈的放大电路,称为开环放大电路。

2. 负反馈放大电路的基本关系式

负反馈放大电路形式很多,为了研究其共同的特点,可把负反馈放大电路的线路结构,相互关系抽象地概括起来加以分析。所有的反馈放大电路都可以看成是由基本放大电路和反馈网络两大部分组成,如图 2 - 2 - 20 所示的方框图。

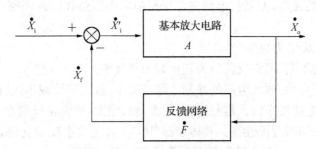

图 2 - 2 - 20　负反馈放大电路的方框图

方框图中,$\dot{X}_i$、$\dot{X}'_i$、$\dot{X}_o$ 和 $\dot{X}_f$ 分别表示输入信号、净输入信号、输出信号和反馈信号,它们可以是电压,也可以是电流。符号"$\otimes$"表示比较环节,$\dot{X}_i$ 和 $\dot{X}_f$ 通过这个比较环节进行比较,得到差值信号(净输入信号)$\dot{X}'_i$,图中箭头表示信号传递方向。理想情况下,在基本放大电路中,信号是正向传递,即输入信号只通过基本放大电路到达输出端。在反馈网络中,信号则是反向传递,即反馈信号只通过反馈网络到达输入端。

现在我们来分析接入反馈后放大电路放大倍数的一般关系式。

开环放大倍数 $\dot{A}$ 为

$$\dot{A} = \frac{\dot{X}_o}{\dot{X}'_i}$$

反馈系数 $\dot{F}$ 为

$$\dot{F} = \frac{\dot{X}_f}{\dot{X}_o}$$

反馈放大电路的闭环放大倍数 $\dot{A}_f$ 为

$$\dot{A}_f = \frac{\dot{X}_o}{\dot{X}_i}$$

净输入信号为
$$\dot{X}_i' = \dot{X}_i - \dot{X}_f$$

根据以上关系式可得

$$\dot{A}_f = \frac{\dot{A}}{1 + \dot{A}\dot{F}}$$

该式是一个十分重要的关系式,也叫闭环增益方程,在以后的分析中将经常用到。

由于负反馈放大电路各方面性能变化的程度都与$|1 + \dot{A}\dot{F}|$有关,因此,把$|1 + \dot{A}\dot{F}|$称为反馈深度,它反映了负反馈的程度。

3. 反馈的基本类型及分析方法

在对反馈电路进行分类之前,首先要确定放大电路有无反馈,判别有无反馈的方法是:找出反馈元件,确认反馈通路,如果在电路中存在连接输出回路和输入回路的反馈通路,即存在反馈。

（1）正反馈和负反馈及判断

根据反馈极性的不同,可将反馈分为正反馈和负反馈。

如果引入反馈信号后,放大电路的净输入信号减小,放大倍数减小,这种反馈为负反馈;反之,反馈信号使放大电路的净输入信号增大,放大倍数增大,则为正反馈。

判断方法一般采用瞬时极性法。具体步骤是：① 首先找出反馈支路,然后设输入端基极的瞬时极性为⊕(或⊖),再依次判断各三极管管脚的瞬时极性。注意：同一只三极管发射极的瞬时极性与基极的瞬时极性相同,集电极的瞬时极性与基极瞬时极性相反;信号传输过程中经电容、电阻后瞬时极性不改变。② 反馈信号送回输入端,若送回基极与原极性相同时为正反馈,相反则为负反馈;若送回发射极与原极性相同时为负反馈,相反时则为正反馈。

（2）直流反馈和交流反馈及判断

若反馈回来的信号是直流量,为直流反馈。若反馈回来的信号是交流量,为交流反馈。若反馈信号既有交流分量,又有直流分量,则为交、直流负反馈。

判断方法：反馈回路中有电容元件时,为交流反馈;无电容元件时,则为交、直流反馈。

（3）电压反馈和电流反馈及判断

如果反馈信号取自输出电压,称为电压反馈;如果反馈信号取自输出电流,称为电流反馈。

判断方法：① 短路法。将输出端短路,若反馈信号因此而消失,为电压反馈;如果反馈信号依然存在,则为电流反馈。② 对共射极电路还可用取信号法,即反馈信号取自输出端的集电极时为电压反馈;反馈信号取自输出端的发射极时则为电流反馈。

需要说明的是：电压负反馈有稳定输出电压u_o的作用;电流负反馈具有稳定输出电流i_o的作用。

（4）串联反馈和并联反馈

根据反馈信号与输入信号在放大电路输入端的连接方式不同,有串联反馈和并联反馈。

如果反馈信号与输入信号在输入端串联连接,也就是说,反馈信号与输入信号以电压比较方式出现在输入端,则称为串联反馈。如果反馈信号与输入信号在输入端并联连接,也就是说,反馈信号与输入信号以电流比较方式出现在输入端,则称为并联反馈。

区分串联反馈和并联反馈的一种简便方法是：如果反馈信号送回基极为并联反馈；如果反馈信号送回发射极则为串联反馈。

【例2-6】 判断图2-2-21所示电路的反馈类型。

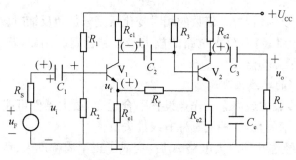

图2-2-21 例2-6图

【解】：首先设 V_1 管的基极瞬时极性为正，则发射极瞬时极性也为正，由于共发射极电路输出电压与输入电压反相，所以电路各处的瞬时极性如图所示。反馈信号取自 V_2 管集电极，瞬时极性为正，最后送回到输入端的发射极，与发射极的原极性相同，所以是负反馈。

由于反馈回路中无电容元件，因此是交、直流反馈。

输出级是共射极电路，信号取自集电极，因此是电压反馈。

反馈信号送回输入端的发射极，因此是串联反馈。

综上所述，该电路为电压串联负反馈电路。

【例2-7】 判断图2-2-22所示电路的反馈类型。

【解】：电路中有两个级间反馈通路：R_{f1} 和 C_2、R_{f2}。由图中可看出，R_{f1} 反馈回路中无电容元件，因此是交、直流反馈。R_{f2} 反馈回路中有电容元件 C_2，因此只有交流反馈。首先设 V_1 管的基极瞬时极性为正，则发射极瞬时极性也为正，由于共发射极电路输出电压与输入电压反相，所以电路各处的瞬时极性如图所示。对 R_{f2} 反馈，反馈信号取自 V_2 管集电极，瞬时极性为正，最后送回到输入端的发射极，与发射极的原极性相同，所以是负反馈。将输出端短路，反馈信号会消失因此是电压反馈，反馈信号送回输入端的发射极，因此是串联反馈，所以 R_{f2} 反馈为电压串联负反馈。

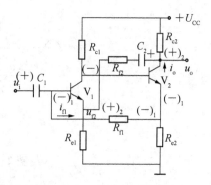

图2-2-22 例2-7的图

对 R_{f1} 反馈，反馈信号取自 V_2 管发射极，瞬时极性为负，最后送回到输入端的基极，与基极的原极性相反，所以也是负反馈。将输出端短路，反馈信号不会消失，因此是电流反馈，反馈信号送回输入端的基极，因此是并联反馈，所以 R_{f1} 反馈为电流并联负反馈。

4. 负反馈对放大性能的影响

通过四种反馈组态的具体分析，使我们知道负反馈有稳定输出量的特点。负反馈的效果不仅仅是这些，只要引入负反馈，不管它是什么组态，都能使放大倍数稳定，通频带展宽，非线性失真减小等。当然这些性能的改善都是以降低放大倍数为代价的。

（1）放大倍数下降，但提高放大倍数的稳定性

为了分析方便，假设放大电路工作在中频范围，反馈网络为纯电阻，所以 A、F 都为实数（后面类同），则闭环放大倍数可写成 $A_F = \dfrac{A}{1+AF}$。

上式表明，引入负反馈后，放大倍数的相对变化量是未加负反馈时放大倍数相对变化量的 $1/(1+AF)$ 倍。可见反馈越深，放大电路的放大倍数越稳定。例如，若 $1+AF=101$，那么放大倍数的稳定性提高了 100 倍。

（2）减小输出波形的非线性失真

当输入信号的幅度较大或静态工作点设置不合适时，放大器件可能工作在特性曲线的非线性部分，而使输出波形失真，这种失真称非线性失真。

假设正弦信号 x_i 经过开环放大电路 A 后，变成了正半周幅度大、负半周幅度小的输出波形，如图 2-2-23(a)所示。这时引入负反馈，如图 2-2-23(b)所示，则将得到正半周幅度大、负半周幅度小的反馈信号 x_f。净输入信号 $x_{id} = x_i - x_f$，由此得到的净输入信号 x_{id} 则是正半周幅度小、负半周幅度大的波形，即引入了失真（称预失真），经过基本放大电路放大后，就使输出波形趋于正弦波，减小了输出波形的非线性失真。

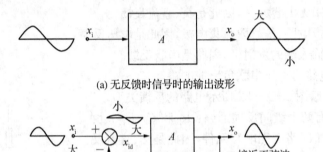

(a) 无反馈时信号时的输出波形

(b) 有负反馈时信号的输出波形

图 2-2-23　有无反馈信号的输出波形

引入负反馈也可以抑制电路内部的干扰和噪声，其原理与改善非线性失真相似。

（3）扩展通频带

由于三极管本身某些参数随频率变化，电路中又总是存在一些电抗元件，从而使放大电路的放大倍数随频率而变化。无反馈放大电路的幅频特性如图 2-2-24 所示。可以看出，在中频区放大倍数 A 增大，而在高频区和低频区放大倍数都随频率的升高和降低而减小。图中 f_H 为上限截止频率，f_L 为下限截止频率，可以看出，其通频带 $f_{bw} = f_H - f_L$ 是比较窄的。

如果在放大电路中引入负反馈（以电压串联负反馈为例），则在中频区，由于输出电压 u_o 大，反馈电压 u_f 也大，即反馈深。使放大电路输入端的有效控制电压（即净输入电压）大幅度下降，从而使中频区放大倍数有比较明显的降低。而在放大倍数较低的高频区及低频区，由于输出电压小，所以反馈电压也小，即反馈弱。因此使有效控制电压比中频区减小的就少一些，这样在高频区及低频区，放大倍数降低的就少，从而使放大倍数随频率的变化减小，幅频特性

变得平坦,使上限截止频率升高,下限截止频率下降,通频带被展宽了,如图 2-2-24 所示。

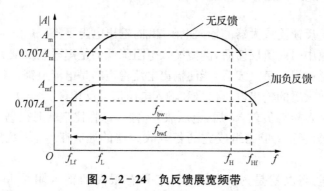

图 2-2-24　负反馈展宽频带

（4）改变放大电路的输入和输出电阻

① 串联负反馈使输入电阻增大。

在串联负反馈电路中,反馈网络与基本放大电路的输入电阻串联(即反馈信号在输入回路以电压的形式出现)可见,串联负反馈使输入电阻增大。

② 并联负反馈使输入电阻减小。

在并联负反馈电路中,反馈网络与基本放大电路的输入电阻并联(即反馈信号在输入回路以电流的形式出现)可见,并联负反馈使输入电阻减小。

③ 电压负反馈使输出电阻减小。

由于电压负反馈能起稳定输出电压的作用,即具有恒压输出的特点,相当于一个内阻很小的恒压源,这个内阻就是放大电路的输出电阻,所以电压负反馈能减小输出电阻。

④ 电流负反馈使输出电阻增大。

由于电流负反馈能起稳定输出电流的作用,因此放大电路对负载来说相当于一个内阻很大的恒流源,所以电流负反馈能提高输出电阻。

习　题　二

一、判断题

1. 设置静态工作点的目的,是为了使信号在整个周期内不发生非线性失真。（　　　）

2. 放大器的放大作用是针对电流或电压变化量而言的,其放大倍数是输出信号与输入信号的变化量之比。（　　　）

3. 多级阻容耦合放大电路各级的静态工作点独立,不相互影响。（　　　）

4. 晶体管是依靠基极电压控制集电极电流。（　　　）

5. 射极输出器即共集电极放大器,其电压放大倍数小于1,输入电阻小,输出电阻大。（　　　）

6. 共发射极放大器的输出信号和输入信号反相,射极输出器也是一样。（　　　）

7. 阻容耦合放大器只能放大交流信号,不能放大直流信号。（　　　）

8. 电压并联负反馈使放大器的输入电阻和输出电阻都减小。（　　　）

9. 环境温度变化引起参数变化是放大电路产生零点漂移的主要原因。（　　　）

10. 既然负反馈使放大电路的放大倍数降低,因此一般放大电路都不会引入负反馈。（　　　）

11. 负反馈是指反馈信号和放大器原来的输入信号相位相反,会削弱原来的输入信号,在实际中应用较少。(　　　)

12. 电压串联负反馈使放大器的输入电阻增加,输出电阻下降。(　　　)

13. 在放大电路中引入负反馈后,能使输入电阻降低的是串联型反馈。(　　　)

14. 在放大电路中引入负反馈后,能使输出电流稳定的是电流反馈。(　　　)

15. 共发射极放大器的输出电压信号和输入电压信号反相。(　　　)

16. 三极管放大器接有负载 R_L 后,电压放大倍数 A_u 将比空载时提高。(　　　)

17. 多级放大器的通频带比组成它的各级放大器的通频带窄,级数愈少,通频带愈窄。(　　　)

18. 共发射极电路也就是射极输出器,它具有很高的输入阻抗和很低的输出阻抗。(　　　)

19. 两个放大器单独使用时,电压放大倍数分别为 A_{u1}、A_{u2},这两个放大器连成两级放大器后,总的放大倍数为 A_u,则 $A_u = A_{u1} + A_{u2}$。(　　　)

20. 画交流放大器的直流通路时,电容要作开路处理,画交流通路时,直流电源和电容器应作短路处理。(　　　)

21. 晶体管放大器常采用分压式电流负反馈偏置电路,它具有稳定静态工作点的作用。(　　　)

22. 直接耦合放大器是放大直流信号的,它不能放大交流信号。(　　　)

23. 差分放大器有单端输出和双端输出两大类,它们的差模电压放大倍数是相等的。(　　　)

24. 差分放大器中如果注意选择元件,使电路尽可能对称,可以减少零点漂移。(　　　)

25. 单管功率放大器的静态电流较推挽功率放大器大得多,可见甲类单管功率放大器电路的效率比乙类推挽功率放大器高。(　　　)

26. 在推挽功率放大器电路中,只要两只晶体管具有合适的偏置电流,就可消除交越失真。(　　　)

27. 甲类功率放大器一般采用变压器耦合而不采用电容耦合,以便提高电压放大倍数。(　　　)

28. OCL 功率放大器输入交流信号时,总有一只晶体管是截止的,所以输出波形必然失真。(　　　)

29. 电压负反馈有稳定输出电压 u_o 的作用。(　　　)

30. 电流负反馈具有稳定输出电流 i_o 的作用。(　　　)

二、选择题

1. 单管共射放大器的 U_O 与 U_I 相位差(　　　)。

　A. $0°$　　　　　　B. $90°$　　　　　　C. $180°$　　　　　　D. $360°$

2. 某放大器由三级组成,已知每级电压放大倍数为 A_u,则总的电压放大倍数为(　　　)。

　A. $3A_u$　　　　　B. A_u^3　　　　　C. $A_u^3/\sqrt{3}$　　　　　D. $3A_u^3$

3. 两个单管电压放大器单独工作,空载时它们的电压放大倍数:$A_{u1} = -20$,$A_{u2} = -30$。当用阻容耦合方式连接成两级放大电路时,总的电压放大倍数为(　　　)。

　A. 6 000　　　　　B. 50　　　　　C. $-6\,000$　　　　　D. -50

4. 稳定放大器静态工作点的方法有(　　　)。
　　A. 增大放大器的电压放大倍数　　　　B. 设置负反馈电路
　　C. 设置正反馈电路　　　　　　　　　D. 提高放大管的放大倍数

5. 在放大电路中,为了稳定静态工作点,可以引入(　　　)。
　　A. 直流负反馈　　　　　　　　　　　B. 交流负反馈
　　C. 交流正反馈　　　　　　　　　　　D. 直流正反馈

6. 对于射极输出器,下列说法正确的是(　　　)。
　　A. 一种共发射极放大电路　　　　　　B. 一种共集电极放大电路
　　C. 一种共基极放大电路　　　　　　　D. 一种共射极放大电路

7. 使用差动放大器的作用是为了提高(　　　)。
　　A. 电流放大倍数　　　　　　　　　　B. 电压放大倍数
　　C. 控制零点漂移能力　　　　　　　　D. 功率放大倍数

8. 直接耦合多级放大电路(　　　)。
　　A. 只能放大直流信号
　　B. 只能放大交流信号
　　C. 既能放大直流信号,又能放大交流信号
　　D. 无法确定

9. 共发射极放大器的输出电压和输入电压在相位上的关系是(　　　)。
　　A. 同相位　　　　　　　　　　　　　B. 相位差 $90°$
　　C. 相位差 $180°$　　　　　　　　　　D. $270°$

10. 三级放大器中,各级的功率增益为:$-3\ dB$、$20\ dB$ 和 $30\ dB$,则总功率增益为(　　　)。
　　A. $47\ dB$　　　　　　　　　　　　B. $-180\ dB$
　　C. $53\ dB$　　　　　　　　　　　　D. $-150\ dB$

11. 放大器引入负反馈后,它的电压放大倍数和信号失真情况是(　　　)。
　　A. 放大倍数下降,信号失真减小　　　B. 放大倍数下降,信号失真加大
　　C. 放大倍数增大,信号失真程度不变　D. 放大倍数增大,信号失真减小

12. 差分放大器有差模放大倍数 A_{ud} 和共模放大倍数 A_{uc},性能好的差分放大器应(　　　)。
　　A. A_{ud} 等于 A_{uc}　　　　　　　　B. A_{ud} 大而 A_{uc} 要小
　　C. A_{ud} 小而 A_{uc} 要大　　　　　　D. A_{ud} 大且 A_{uc} 要大

13. 乙类推挽功率放大电路的理想最大效率为(　　　)。
　　A. 50%　　　　　　B. 60%　　　　　C. 78%　　　　　D. 100%

14. 甲类单管功率放大电路结构简单,但最大的缺点是(　　　)。
　　A. 效率低　　　　　　　　　　　　　B. 有交越失真
　　C. 易产生自激　　　　　　　　　　　D. 非线性失真

15. OCL 功率放大电路采用的电源是(　　　)。
　　A. 取极性为正的直流电源
　　B. 取极性为负的直流电源
　　C. 取两个电压大小相等且极性相反的正、负直流电源
　　D. 取两个电压大小相等且极性相同的正直流电源

三、计算题

1. 分析图 2-2-25 所示各电路有无交流电压放大作用,并说明为什么?

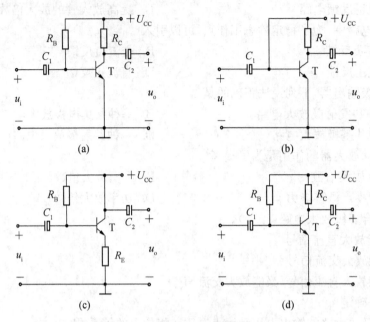

图 2-2-25　计算题 1 图

2. 在 NPN 型的放大电路中,哪个电极的电位最高? 哪个电极的电位最低? 在 PNP 型的放大电路中,则是哪个电极的电位最高? 哪个电极的电位最低?

3. 在固定偏置放大电路中,晶体管的 $\beta=50$,若将该管调换为 $\beta=80$ 的另外一个晶体管,则该电路中晶体管的集电极电流 I_C 将如何变化?

4. 在固定偏置放大电路中,导致放大电路发生饱和失真和截止失真的原因各是什么?

5. 电路如图 2-2-26 所示,已知 $U_{CC}=12\ V$,$R_C=3\ k\Omega$,$\beta=40$,且忽略 U_{BE},若要使静态时 $U_{CE}=9\ V$,则 R_B 应该取多大?

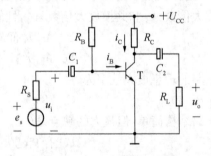

图 2-2-26　计算题 5 图

6. 电路如图 2-2-26 所示,已知 $U_{CC}=12\ V$,$R_C=3\ k\Omega$,$R_B=240\ k\Omega$,晶体管的电流放大倍数 $\beta=40$,$R_L=6\ k\Omega$,$r_{be}=0.8\ k\Omega$,(1) 试计算各静态值 I_B、I_C 和 U_{CE};(2) 利用微变等效电路计算电路的电压放大倍数、输入电阻和输出电阻。

7. 电路如图 2-2-27 所示,已知 $U_{CC}=12\ V$,$R_C=2\ k\Omega$,$R_{B1}=36\ k\Omega$,$R_{B2}=24\ k\Omega$,$R_E=2\ k\Omega$,$\beta=60$,$r_{be}=1.2\ k\Omega$,试求: (1) 放大电路的静态工作点;(2) 画出放大电路的微变等效电

路;(3) 电压放大倍数、输入电阻和输出电阻。

8. 电路如图 2-2-28 所示,已知 $U_{CC}=12$ V, $R_B=75$ kΩ, $R_E=1$ kΩ, $R_L=2$ kΩ, $R_S=0.5$ kΩ,晶体管的 $\beta=40$。试求:(1) 静态工作点;(2) 画出放大电路的微变等效电路;(3) 输入电阻和输出电阻;(4) 电压放大倍数 A_u 和 A_{us}。

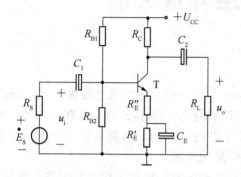 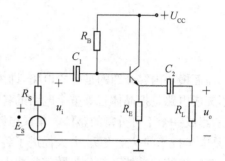

图 2-2-27 计算题 7 图　　　　图 2-2-28 计算题 8 图

9. 功率放大电路中,交越失真是怎样产生的? 如何克服交越失真?

10. 差分放大电路是如何抑制共模信号而放大差模信号的?

11. 试判别下面图 2-2-29 中各图的反馈类型。

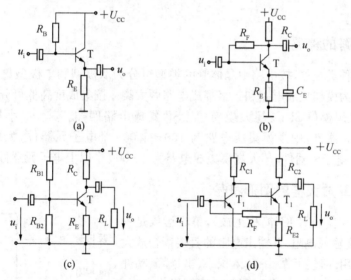

图 2-2-29 计算题 11 图

12. 简要说明引入负反馈后,对放大器的性能有哪些影响。

13. 简述不同类型的负反馈对放大器输入电阻、输出电阻各产生何种影响。

模块三　集成运算放大器

　　前面模块内容介绍的是分立电路,即由各种单个元件连接起来的电子电路。本模块内容介绍集成电路是把晶体管等整个电路的各个元件以及相互之间连接同时制造在一块半导体芯片上,组成一个不可分割的整体。集成电路与分立元件相比,体积小、重量轻、功耗低、可靠性高,是电子技术的一个飞跃,大大促进了各个学科领域的发展。

　　集成电路按功能一般分为数字集成电路和模拟集成电路。模拟集成电路中发展最早、应用广泛的是集成运算放大器(简称集成运放或运放)。本模块内容介绍集成运算放大器内部基本电路原理、电压传输特性、负反馈放大器,主要讨论集成运算放大器的应用。

项目一　集成运算放大器简介

1. 集成电路的种类

　　集成电路的种类很多,按电路中晶体管的类型可分为双极型和单极型集成电路两类。按其功能不同可分为模拟集成电路和数字集成电路两大类。按集成度高低可分为小规模(SSI)、中规模(MSI)、大规模(LSI)及超大规模(VLSI)集成电路四类。其中,小规模集成电路为 $10\sim100$ 个电子元器件,中规模集成电路为 $100\sim1\,000$ 个电子元器件,大规模集成电路为 $1\,000\sim10\,000$ 个电子元器件,超大规模集成电路为 $10\,000$ 个以上电子元器件。

2. 集成运算放大器的图形符号

　　集成运算放大器简写 IC(简称运放),集成运放是一种高放大倍数、高输入电阻、低输出电阻的直接耦合放大电路。它具有通用性强、可靠性高、体积小、重量轻、功耗小、性能优越的特点,而且外部接线很少、调试极为方便。集成运算放大器的电路符号如图 2-3-1 所示。

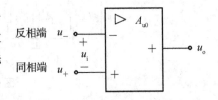

图 2-3-1　集成运算放大器电路符号

3. 集成运算放大器的理想特性

　　理想运算放大器应当具备以下特性:
① 开环电压放大倍数∞;
② 输入电阻∞,输出电阻 0;
③ 共模抑制比∞;
④ 带宽∞。

项目二 集成运算放大器的应用

1. 基本运算电路

（1）反相比例运算电路

图 2-3-2 所示电路是反相比例运算电路。输入信号 u_i 经电阻 R_1 加到反相输入端，同相输入端通过 R_2 接"地"。R_F 接在输出端和反相输入端之间，引入电压并联负反馈。

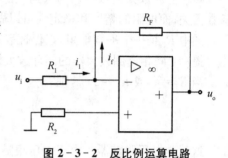

图 2-3-2 反比例运算电路

由于虚短和虚断，则有

$$u_+ = u_- = 0,$$

$$i_1 = i_f$$

即

$$\frac{u_i}{R_1} = \frac{u_- - u_o}{R_F} = -\frac{u_o}{R_F}$$

$$u_o = -\frac{R_F}{R_1}u_i$$

即输出电压与输入电压成反相比例关系。该电路的闭环电压放大倍数表达式如下：

$$A_{uf} = \frac{u_o}{u_i} = -\frac{R_F}{R_1}$$

从上式可以看出：闭环电压放大倍数可认为仅与电路中电阻 R_F 和 R_1 的比值有关，而与运算放大器本身的参数无关。

图中 R_2 是一平衡电阻，以保证静态时，两输入端基极电流对称。取 $R_2 = R_1 /\!/ R_F$。

当 $R_1 = R_F$ 时，有 $u_o = -u_i$，即该电路即为反相器。

（2）同相比例运算电路

图 2-3-3 所示电路是同相比例运算电路，输入信号 u_i 经 R_2 加到运算放大器的同相输入端，输出电压经 R_F 和 R_1 分压后，取 R_1 上的电压反馈到运算放大器的反相输入端，电路中引入电压串联负反馈。

根据虚短和虚断，可知

$$u_- = u_+ = u_i$$

$$i_1 = i_f$$

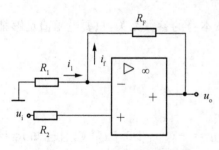

图 2-3-3 同相比例运算电路

即

$$-\frac{u_-}{R_1} = \frac{u_- - u_o}{R_F}$$

也就是

$$-\frac{u_i}{R_1} = \frac{u_i - u_o}{R_F}$$

$$u_o = \left(1 + \frac{R_F}{R_1}\right)u_i$$

即输出电压与输入电压成同相比例关系。其闭环电压放大倍数为

$$A_{uf} = \frac{u_o}{u_i} = 1 + \frac{R_F}{R_1}$$

闭环电压放大倍数可认为仅与电路中电阻 R_F 和 R_1 的比值有关,而与运算放大器本身的参数无关;而电阻的精度和稳定性可以做得很高,所以闭环放大倍数的精度和稳定性也很高。

图中 R_2 是一个平衡电阻,以保证静态时两输入端基极电流对称。取 $R_2 = R_F /\!/ R_1$。

提示:同相比例放大器的闭环放大倍数总是大于或等于1。

当 $R_1 = \infty$ 或 $R_F = 0$ 时,则有

$$A_{uf} = \frac{u_o}{u_i} = 1$$

这就是电压跟随器。由于电压跟随器引入了电压串联负反馈,具有输入电阻高,输出电阻低的特点,在电路中常常作为缓冲器。

(3) 反相加法运算电路

图 2-3-4 所示的电路为反相加法运算电路,它引入的是电压并联负反馈。

由于虚短和虚断,可得下面表达式。

$$u_- = u_+ = 0$$
$$i_1 + i_2 = i_f$$

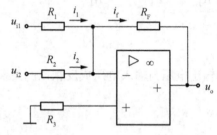

图 2-3-4　反相加法运算电路

即 $\dfrac{u_{i1}}{R_1} + \dfrac{u_{i2}}{R_2} = -\dfrac{u_o}{R_F}$

$$u_o = -\left(\frac{R_F}{R_1}u_{i1} + \frac{R_F}{R_2}u_{i2}\right)$$

上式表明:输入输出的关系表达式也与运算放大器本身的参数无关,只要电阻值足够精确,即可保证加法运算的精度和稳定性。

若 $R_1 = R_2 = R_F$,则有下面表达式成立。

$$u_o = -(u_{i1} + u_{i2})$$

平衡电阻 $R_3 = R_1 /\!/ R_2 /\!/ R_F$。

【例 3-1】　已知反相加法运算电路的运算关系为 $u_o = -(2u_{i1} + 0.5u_{i2})\text{V}$,且已知 $R_F = 100\text{ k}\Omega$,求 R_1、R_2 和 R_3。

【解】：由 $u_o = -\dfrac{R_F}{R_1}u_i$ 可得

$$\frac{R_F}{R_1} = 2$$

$$R_1 = \frac{R_F}{2} = \frac{100}{2}\text{ k}\Omega = 50\text{ k}\Omega$$

$$\frac{R_{\mathrm{F}}}{R_2} = 0.5$$

$$R_2 = \frac{R_{\mathrm{F}}}{0.5} = \frac{100}{0.5}\,\mathrm{k\Omega} = 200\,\mathrm{k\Omega}$$

$$R_3 = R_1/R_2/R_{\mathrm{F}} \approx 28.6\,\mathrm{k\Omega}$$

（4）减法运算电路

图 2-3-5 所示电路为减法运算电路，两个输入
信号 u_{i1} 和 u_{i2} 分别加入运算放大器的反相输入端和同
相输入端，是反相输入与同相输入结合的放大电路。

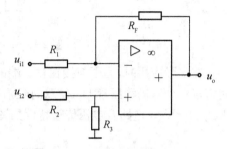

图 2-3-5　减法运算电路

由于理想运放工作于线性区，是线性器件，该电
路是线性电路，可应用叠加原理分析：

当 u_{i1} 单独作用时，为反相比例运算电路

$$u_{\mathrm{o}}' = -\frac{R_{\mathrm{F}}}{R_1}u_{\mathrm{i1}};$$

当 u_{i2} 单独时，是同相比例运算电路

$$u_{\mathrm{o}}'' = \left(1 + \frac{R_{\mathrm{F}}}{R_1}\right)\frac{R_3}{R_2 + R_3}u_{\mathrm{i2}}$$

则根据叠加定律，可得

$$u_{\mathrm{o}} = u_{\mathrm{o}}' + u_{\mathrm{o}}'' = \left(1 + \frac{R_{\mathrm{F}}}{R_1}\right)\frac{R_3}{R_2 + R_3}u_{\mathrm{i2}} - \frac{R_{\mathrm{F}}}{R_1}u_{\mathrm{i1}}$$

如果 $\dfrac{R_{\mathrm{F}}}{R_1} = \dfrac{R_3}{R_2}$，则输出电压是

$$u_{\mathrm{o}} = \frac{R_{\mathrm{F}}}{R_1}(u_{\mathrm{i2}} - u_{\mathrm{i1}})$$

即输出电压与两输入电压之差（$u_{\mathrm{i2}} - u_{\mathrm{i1}}$）成正比。所以，在这种条件下，图 2-3-5 所示的电路
就是一个差动放大电路。若再有 $R_1 = R_{\mathrm{F}}$，则 $u_{\mathrm{o}} = u_{\mathrm{i2}} - u_{\mathrm{i1}}$，即减法运算。

2. 电压比较器

电压比较器是集成运算放大器的非线性应用，用来对输入电压与参考电压进行比较，
图2-3-6(a)所示电路就是其中一种。U_{R} 是参考电压，连接在同相输入端；输入电压 u_{i} 加在
反相输入端。运算放大器工作于开环状态。

当 $u_{\mathrm{i}} < U_{\mathrm{R}}$ 时，$u_{\mathrm{o}} = +U_{\mathrm{o(sat)}}$；

当 $u_{\mathrm{i}} > U_{\mathrm{R}}$ 时，$u_{\mathrm{o}} = -U_{\mathrm{o(sat)}}$。

图 2-3-6(b) 是电压比较器的电压传输特性。由此可见，比较器的输入是模拟信号，而
输出端则是用高电平或低电平(数字量)来反映比较结果。

当 $U_{\mathrm{R}} = 0$ 时，称为过零比较器。

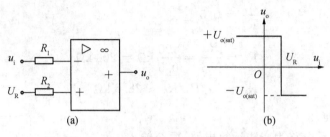

图 2 - 3 - 6　电压比较器及电压传输特性

在实际应用时，为了与接在输出端的数字电路的电平配合，常在比较器的输出端与"地"之间跨接一个双向稳压管 D_Z，作双向限幅用。稳压管的稳定电压为 U_Z，输出电压为 u_o 被限制在 $+U_Z$ 和 $-U_Z$。电路及电压传输特性如图 2-3-7 所示。

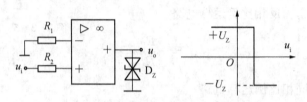

图 2 - 3 - 7　带双向限幅的电压比较器

习　题　三

一、判断题

1. 在集成运放的信号运算应用电路中，运放一般工作在非线性工作区。（　　　）

2. 反相运算放大器属于电压并联负反馈放大器。（　　　）

3. 同相运算放大器属于电压串联负反馈放大器。（　　　）

4. 反相比例放大器的闭环放大倍数总是大于或等于 1。（　　　）

5. 电压跟随器引入了电压串联负反馈。（　　　）

二、选择题

1. 理想运放的输入电阻 r_i 和输出电阻 r_o 分别是（　　　）。

　　A. ∞,∞　　　　　　B. 0,0　　　　　　C. $\infty,0$　　　　　　D. $0,\infty$

2. 理想运放的开环电压放大倍数 A_{uo} 和共模抑制比 K_{CMRR} 分别是（　　　）。

　　A. ∞,∞　　　　　　B. 0,0　　　　　　C. $\infty,0$　　　　　　D. $0,\infty$

3. 集成电路按集成度高低可分四种类型，其中，小规模集成电路内部集成的元器件有（　　　）个。

　　　　A. 1～100　　　　　　　　　　　　B. 100～1 000

　　　　C. 1 000～10 000　　　　　　　　　D. 10 000 以上

4. 集成电路按集成度高低可分四种类型，其中，中规模集成电路内部集成的元器件有（　　　）个。

　　　　A. 1～100　　　　B. 100～1 000　　　　C. 1 000～10 000　　　　D. 10 000 以上

5. 集成电路按集成度高低可分四种类型,其中,大规模集成电路内部集成的元器件有( )个。

  A. 1~100   B. 100~1 000   C. 1 000~10 000   D. 10 000 以上

6. 集成电路按集成度高低可分四种类型,其中,超大规模集成电路内部集成的元器件有( )个。

  A. 1~100   B. 100~1 000   C. 1 000~10 000   D. 10 000 以上

7. 小规模集成电路的表示为( )。

  A. SSI   B. MSI   C. LSI   D. VLSI

8. 中规模集成电路的表示为( )。

  A. SSI   B. MSI   C. LSI   D. VLSI

9. 大规模集成电路的表示为( )。

  A. SSI   B. MSI   C. LSI   D. VLSI

10. 超大规模集成电路的表示为( )。

  A. SSI   B. MSI   C. LSI   D. VLSI

三、计算题

1. 运算放大器电路如图 2-3-8 所示,该电路的电压放大倍数是多少?

2. 电路如图 2-3-9 所示,R_F 引入的反馈是何种负反馈?

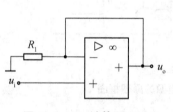
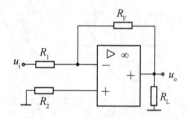

图 2-3-8 计算题 1 图   图 2-3-9 计算题 2 图

3. 在图 2-3-10 所示同相比例运算电路中,已知 $R_1 = 2\ \text{k}\Omega$,$R_2 = 2\ \text{k}\Omega$,$R_F = 10\ \text{k}\Omega$,$R_3 = 18\ \text{k}\Omega$,$u_i = 1\ \text{V}$,求 u_o。

4. 电路如图 2-3-11 所示,$R_1 = 10\ \text{k}\Omega$,$R_2 = 20\ \text{k}\Omega$,$R_F = 100\ \text{k}\Omega$,$u_{i1} = 0.2\ \text{V}$,$u_{i2} = -0.5\ \text{V}$,求输出电压 u_o。

5. 电路如图 2-3-12 所示,求输出电压 u_o 与输入电压 u_{i1}、u_{i2}、u_{i3} 之间的关系表达式。

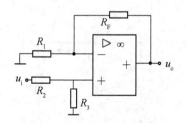
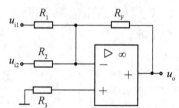
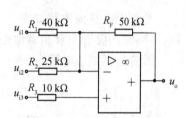

图 2-3-10 计算题 3 图   图 2-3-11 计算题 4 图   图 2-3-12 计算题 5 图

模块四　直流稳压电路

各种电子电路和电子设备都需要稳定的直流电源,但电网提供的是 50 Hz 的正弦交流电,这就需要将电网的交流电转换成稳定的直流电,直流稳压电路就是实现这种转换的电子电路。

本模块内容主要介绍单相整流电路的工作原理,各种滤波电路的工作原理及其性能,详细分析介绍各种稳压电路及其稳压原理。直流稳压电源由电源变压器、整流电路、滤波电路、稳压电路等环节组成,如图 2-4-1 所示为原理框图。

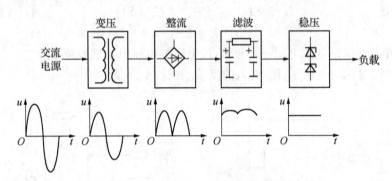

图 2-4-1　直流稳压电源的原理框图

项目一　整流电路

将交流电变为直流电的过程,称为整流。利用半导体二极管的单向导电性组成整流电路。此电路简单、方便、经济,下面着重分析各种整流电路的工作原理和特点。

1. 单相半波整流电路

单相半波整流电路如图 2-4-2 所示,它由电源变压器 T,整流二极管 D 和负载电阻 R_L 组成。

设变压器副边电压为

$$u_2 = \sqrt{2}U_2 \sin \omega t$$

图 2-4-2 中,在 u_2 的正半周($0 \leqslant \omega t \leqslant \pi$)期间,a 端为正,b 端为负,二极管因正向电压作用而导通。电流从 a 端流出,经二极管 D 流过负载电阻 R_L 回到 b 端。如果略去二

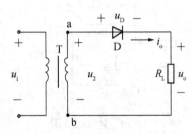

图 2-4-2　单相半波整流电路

极管的正向压降,则在负载两端的电压 u_o 就等于 U_2。其电流、电压波形如图 2-4-3(b)、(c)所示。

在 u_2 的负半周($\pi \leqslant \omega t \leqslant 2\pi$)期间,二极管承受反向电压而截止,负载中没有电流,故 $u_2 = 0$。这时,二极管承受了全部 u_2,其波形如图 2-4-3(d)所示。

尽管 u_2 是交变的,但因二极管的单向导电作用,使得负载上的电流 i_o 和电压 u_o 都是单一方向。这种电路,只有在 u_2 的半个周期内负载上才有电流,故称为半波整流电路。

(1) 负载上的直流电压和电流

由于负载电压 u_o 为半波脉动,在整个周期中负载电压平均值

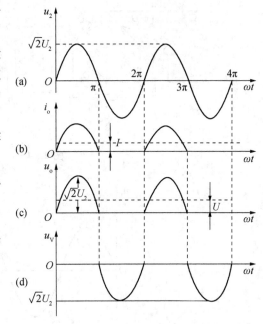

图 2-4-3　单相半波整流波形

$$U_o = \frac{1}{2\pi} \int_0^\pi \sqrt{2} U_2 \sin \omega t \, d(\omega t) = \frac{\sqrt{2}}{\pi} U_2 = 0.45 U_2$$

负载上的电流平均值为

$$I_o = \frac{U_o}{R_L} = 0.45 \frac{U_2}{R_L}$$

(2) 整流二极管的选择

由于二极管与负载串联,所以流经二极管的电流平均值为

$$I_V = I_o = \frac{U_o}{R_L} = 0.45 \frac{U_2}{R_L}$$

二极管在截止时所承受的最大反向电压就是 u_2 的最大值,即

$$U_{VM} = \sqrt{2} U_2$$

在设计和选管时,应满足二极管的最高反向工作电压 U_{RM} 大于截止时所承受的最大反向电压,即 $U_{RM} > U_{VM}$,二极管的整流电流最大值大于流经二极管的电流平均值,即 $I_{FM} \geqslant I_V$。

半波整流电路结构简单,但只利用交流电压半个周期,直流输出电压低,波动大,整流效率低。

2. 单相桥式整流电路

为了克服半波整流电路的缺点,实际中多采用单相全波整流电路和单相桥式整流电路。单相全波整流电路是由两个单相半波整流电路有机组合而成的,其工作原理与半波整流相同。单相桥式整流电路如图 2-4-4(a)、(b)、(c)所示,图 2-4-4(b)、(c)是桥式整流电路的另外两种画法。

设 $u_2 = \sqrt{2} U_2 \sin \omega t$,其波形如图 2-4-5(a)所示。

在 u_2 的正半周($0 \leqslant \omega t \leqslant \pi$)内,变压器副边 a 端为正,b 端为负,二极管 D_1、D_3 受正向电压

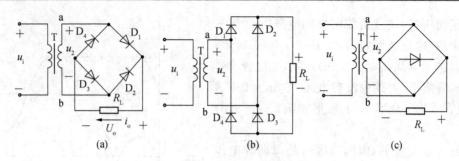

图 2-4-4　单相桥式整流电路

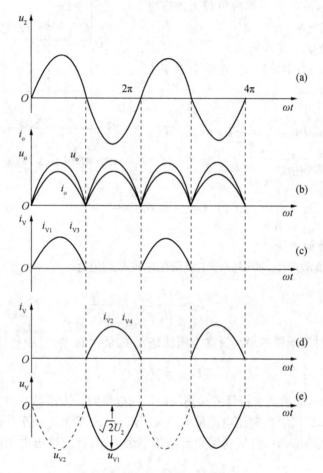

图 2-4-5　单相桥式整流波形图

作用而导通。D_2、D_4 受反向电压作用而截止,电流路径为 a→D_1→D_3→b。

在 u_2 的负半周($\pi \leqslant \omega t \leqslant 2\pi$)期间,a 端为负,b 端为正,二极管 D_2、D_4 受正向电压作用而导通,D_1、D_3 受反向电压作用而截止. 电流路径为 b→D_2→D_4→a。

可见,在整个周期内,负载上得到同一方向的全波脉动电压和电流,其波形如图 4-5(b)所示。

(1) 负载上的直流电压和电流

由图 2-4-5(b)可见,桥式整流负载上的电压和电流的平均值为半波整流时的 2 倍,即

$$U_o = 0.9 U_2$$

$$I_o = 0.9 \frac{U_2}{R_L}$$

在相同的 u_2 作用下,桥式整流电路中输出的直流电压是半波整流的 2 倍,电压的脉动程度较小,同时在整个周期内变压器组中均有电流,变压器的利用率提高,因此,桥式整流电路得到了广泛的应用。为了使用方便,现已生产硅桥式整流器——硅桥堆,它应用集成电路技术将 4 个二极管集中在同一硅片上,具有体积小、使用方便等优点。

3. 整流二极管的选择

在整个周期内,每个二极管只有半个周期导通,见图 2 - 4 - 5(c)、(d),且在导通期间 D_1 与 D_3 相串联,D_2 与 D_4 相串联,故流经每个二极管的电流平均值为负载电流的一半,即

$$I_V = \frac{1}{2} I_o$$

每个二极管截止时所承受的最高反向电压为 u_2 的最大值,即

$$U_{VM} = \sqrt{2} U_2$$

【例 4 - 1】　试设计一台输出电压为 24 V,输出电流为 1 A 的直流电源,电路形式可采用半波整流或全波整流,试确定两种电路形式的变压器副边电压有效值,并选定相应的整流二极管。

【解】:(1)当采用半波整流电路时,变压器副边电压有效值为

$$U_2 = \frac{U_o}{0.45} = \frac{24}{0.45} \text{ V} = 53.3 \text{ V}$$

整流二极管截止时承受的最高反向电压为

$$U_{VM} = \sqrt{2} U_2 = 1.41 \times 53.3 \text{ V} = 75.2 \text{ V}$$

流过整流二极管的平均电流为

$$I_D = I_o = 1 \text{ A}$$

因此可选用 2CZ12B 型整流二极管,其最大整流电流为 3 A,最高反向工作电压为 200 V。
(2)当采用桥式整流电路时,变压器副边绕组电压有效值为

$$U_2 = \frac{U_o}{0.9} = \frac{24}{0.9} \text{ V} = 26.7 \text{ V}$$

整流二极管承受的最高反向电压为

$$U_{VM} = \sqrt{2} U_2 = 1.41 \times 26.7 \text{ V} = 37.6 \text{ V}$$

流过整流二极管的平均电流为

$$I_V = \frac{1}{2} I_o = 0.5 \text{ A}$$

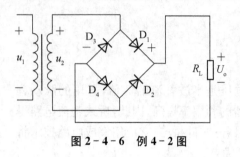

图 2-4-6　例 4-2 图

因此可选用四只 2CZ11A 型整流二极管，其最大整流电流为 1 A，最高反向工作电压为 100 V。

【例 4-2】　桥式全波整流电路如图 2-4-6 所示，若电路中二极管出现下述各种情况，电路会出现什么问题？

（1）D_1 因虚焊而开路；

（2）D_2 被短路；

（3）D_3 极性接反；

（4）D_1、D_2 极性都接反；

（5）D_1 开路，D_2 短路。

【解】：（1）二极管 D_1 开路，u_2 正半周波形无法送到 R_L 上，因此电路由全波整流变为半波整流。

（2）二极管 D_2 被短路，此时二极管 D_1 和变压器副边可能烧坏。

（3）二极管 D_3 极性接反，在 u_2 负半周时，变压器副边电压直接加在两个导通的二极管 D_3、D_4 上，会造成副边绕组和二极管 D_3、D_4 过流以至烧坏。

（4）二极管 D_1、D_2 极性都接反，此时由于在 u_2 整个周期所有二极管均不导通，所以电路输出 $U_o = 0$。

（5）D_1 开路，D_2 短路，此时全波整流变成半波整流，u_2 只有负半周波形能送到 R_L 上。

项目二　滤波电路

通过整流得到的直流电，由于其脉动程度大，只能作为电镀电解、充电设备或对直流电源要求不高的负载电源，如果用于电子设备（如电视机、计算机），则电压中的交流成分将对设备的工作产生严重的干扰。为了得到脉动程度小的直流电，必须在整流电路与负载之间加上平滑脉动电压的滤波电路。构成滤波电路的主要元件是电容和电感，利用它们的储能作用，可以降低输出电压中的交流成分，保留直流成分，实现滤波。

1. 电容滤波电路

图 2-4-7 是单相半波整流电容滤波电路，其中与负载并联的电容器就是一个最简单的滤波器。

在 u_2 的正半周期开始时，输入电压上升，二极管 D 导通，电源经二极管向负载供电。随后，u_2 由最大值开始下降，当 $u_2 < u_C$ 时，二极管承受反向电压而提前截止，于是电容 C 通过 R_L 放电，如图 2-4-7(a) 虚线箭头所示。

u_2 为负半周期时，加在二极管上的反向电压更大，二极管仍处于截止状态，电容继续向 R_L 放电，U_C 随之下降，直到 u_2 进入下个正半周。当 $u_2 > u_C$ 时，二极管重新导通。

重复以上过程，便形成了比较平稳的输出电压，其波形图 2-4-7 中实线所示。

图 2-4-8 为单相桥式整流电容滤波电路。在 u_2 正半周，u_2 通过 D_1、D_3 对电容充电，这一段时间 $u_o = u_2$，当 $t = t_1$ 时，$u_o = \sqrt{2}U_2$，电容电压达到最大值之后 u_2 下降，$D_1 \sim D_4$ 均反向截止，电容 C 通过 R_L 放电，放电过程直至下一个周期 $u_2 > u_C$ 的时刻。当 $u_2 > u_C$ 时，u_2 通过 D_2、D_4 对

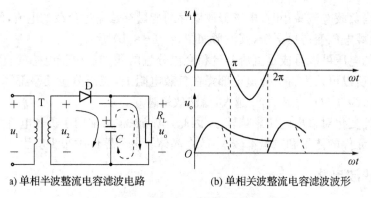

a) 单相半波整流电容滤波电路　　　　　　　(b) 单相关波整流电容滤波波形

图 2 - 4 - 7　单相半波整流电容滤波电路

C 充电, 直到 $t=t_3$ 二极管又截止, 电容 C 再次放电。如此循环, 形成周期性的电容器充放电过程。其波形如图 2 - 4 - 8 所示。

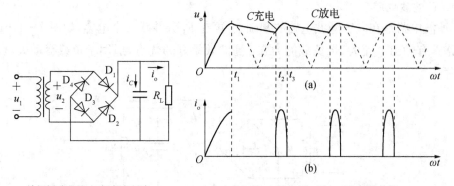

单相桥式整流电容滤波电路　　　　（a）R_L 上的电压　（b）二极管的电流

图 2 - 4 - 8　单相半波整流电容滤波电路及波形

提示, 实践证明电容滤波电路其输出电压可按下式估算:

半波整流电容滤波　　　　　　　　$U_o=(1.1\sim1.2)U_2$

全波整流电容滤波　　　　　　　　$U_o=(1.1\sim1.4)U_2$

2. 电感滤波电路

图 2 - 4 - 9 是一个桥式整流电感滤波电路, 滤波电感与负载 R_L 相串联, 这种滤波电路又称串联滤波器。

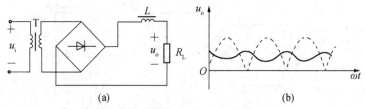

图 2 - 4 - 9　带有电感滤波的单相桥式电路

由于电感具有阻碍电流变化的特性, 当负载电流增加时, 通过电感 L 的电流也增加, 电感产生与负载电流方向相反的自感电动势, 阻碍负载电流的增加, 同时将一部分电能转变为磁场能储存起来。当负载电流减小时,电感释放储存的能量补偿流过负载的电流,使负载电流的脉动程度减小,负载电压变得更平滑,其波形如图 2-4-9(b)所示。

整流输出的电压可以看成是直流分量和交流分量的叠加。由于电感的直流电阻很小,而交流电抗较大,所以可认为直流分量全部降在负载电阻上,交流分量几乎都降在电感上,输出的直流电压近似为 $0.9U_2$。显然,L 越大,滤波效果越好。

由于负载的变化对输出电压影响较小,因此,电感滤波器常用于负载电流大及负载变化大的场合,但电感元件的体积和重量都较大,故在晶体管电子器件中很少应用。

3. 复式滤波电路

当使用单一电容或电感滤波效果不理想时,可考虑采用复式滤波电路。所谓复式滤波电路就是利用电容、电感组合后合理地接入整流电路与负载之间,以达到比较理想的滤波效果。常见的复式滤波电路有 LC 滤波电路、$LC\pi$ 型滤波电路、$RC\pi$ 型滤波电路等。

(1) LC 滤波电路

LC 滤波电路是在电感滤波电路的基础上,再在 R_L 旁并联一个电容,如图 2-4-10 所示。这种电路具有输出电流大,带负载能力强,滤波效果好的优点,适用于负载变动大,负载电流大的场合。

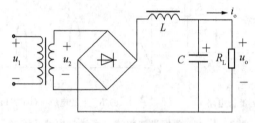

图 2-4-10 LC 滤波电路

(2) $LC\pi$ 型滤波电路

电路如图 2-4-11 所示,经整流后的电压包括直流分量和交流分量。对于直流分量来说,L 呈现很小的阻抗,可视为短路,因此,经 C_1 滤波后的直流量大部分降落在负载两端;对于交流分量来说,由于电感 L 呈现很大的感抗,C_2 呈现很小的容抗,因此,交流分量大部分降落在 L 上,负载上的交流分量很小,达到滤除交流分量的目的。这种电路常用于负载电流较小或电源频率较高的场合。其缺点是电感体积大、笨重、成本高。

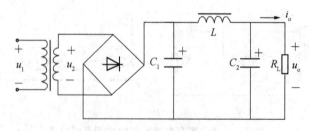

图 2-4-11 $LC\pi$ 型滤波电路

(3) $RC\pi$ 型滤波电路

图 2-4-12 是 $RC\pi$ 型滤波电路图,它是在电容滤波电路的基础上加一级 RC 滤波电路构

成的。这种电路采用简单的电阻、电容元件进一步降低输出电压的脉动程度,但这种滤波电路的缺点是只适应于小电流的场合。在负载电流较大的情况下,不宜采用这种滤波电路形式。

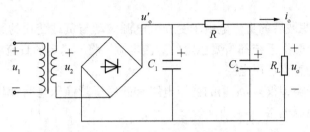

图 2 - 4 - 12　RCπ 型滤波电路

【**例 4 - 3**】　设计一单相桥式整流、电容滤波电路。要求输出电压 $U_o=48$ V,已知负载电阻 $R_L=100$ Ω,交流电源频率为 50 Hz,试选择整流二极管和滤波电容器。

【**解**】:流过整流二极管的平均电流

$$I_V = \frac{1}{2}I_o = \frac{1}{2} \times \frac{48}{100} \text{ A} = 0.24 \text{ A}$$

变压器副边电压有效值

$$U_2 \approx \frac{U_o}{1.2} = \frac{48}{1.2} \text{ V} = 40 \text{ V}$$

整流二极管承受的最高反向电压

$$U_{VM} = \sqrt{2}U_2 = 1.41 \times 40 \text{ V} = 56.4 \text{ V}$$

因此,可选择 2CZ11B 型整流二极管,其最大电流为 1 A,最高反向工作电压为 200 V,取 τ $=R_L C=5\,\dfrac{T}{2}=5 \times \dfrac{0.02}{2}s=0.05$ s,则

$$C = \frac{\tau}{R_L} = \frac{0.05}{100} \text{ F} = 500 \text{ } \mu\text{F}$$

【**例 4 - 4**】　在图 2 - 4 - 10 所示电路中,已知变压器副边交流电压有效值 $U_2=20$ V,求下列情况下输出直流电压 U_o 值。

(1) 电路正常工作时的 U_o 的值;

(2) 电容 C 因虚焊未接上时的 U_o 值;

(3) 有电容 C,但负载 R_L 开路时,U_o 的值;

(4) 整流桥中,二极管 D_2 因虚焊开路,同时电容 C 开路,那么 U_o 的值。

【**解**】:(1) 电路正常工作,当 $R_L C \geq (3\sim5)\dfrac{T}{2}$时,$U_o \approx 1.2 \times U_2 = 24$ V

(2) C 开路时,该电路为桥式全波整流电路,$U_o = 0.9 \times U_2 = 18$ V

(3) 有电容 C 但 R_L 开路,由于电容电压峰值为 $\sqrt{2}U_2$,故 $U_o \approx 1.4 \times U_2 = 28$ V

(4) 整流桥中二极管 D_2 开路,同时电容 C 开路,该电路为单相半波整流电路,$U_o = 0.45 \times U_2 = 9$ V。

项目三　稳压电路

经变压、整流和滤波后的直流电由于受交流电源波动与负载变化的影响,稳压性能较差,而大多数电子设备和微机系统都需要稳定的直流电源。将不稳定的直流电转换成稳定且可调的直流电的电路称为直流稳压电路。

直流稳压电路的类型很多,常用的稳压电路有硅稳压管稳压电路、串联型稳压电路、集成稳压电路和开关型稳压电路。

1. 稳压管稳压电路

整流滤波电路输出电压会随着电网电压的波动而波动,随着负载电阻的变化而变化。为稳定输出电压,这里采用了由稳压管 D_Z 和调整电阻 R 组成的最简单的稳压电路,如图 2−4−13 所示。

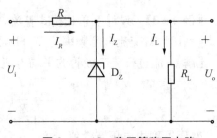

图 2−4−13　稳压管稳压电路

稳压二极管反向电流小于 I_{Zmin} 时不稳压,大于 I_{Zmax} 时会因超过额定功耗而损坏,所以在稳定电路中,必须串联一个电阻来限制电流,保证输出稳定电压。

例如,当电网电压发生波动使输入电压 U_i 减小时,输出电压 U_o 也减小,使稳压管电流 I_Z 大大下降,但由于调整电阻上的电流 I_R 也大大下降($I_R = I_Z + I_L$),使调整电阻上压降下降,从而保证输出电压 U_o 基本维持不变。当电网电压稳定而 R_L 变化时,如 R_L 变小,则 U_o 变小,只要 U_o 下降一点,稳压管的电流 I_Z 就显著减小,使调整电阻上的电流 I_R 减小,从而使得 U_R 减小,以维持输出电压稳定不变。

可见,在该稳压电路中,调整电阻 R 起电压调节作用,稳压管起电流调节作用。

硅稳压管稳压电路虽简单,但受稳压管最大稳定电流的限制,负载电流不能太大。另外,输出电压不可调且稳定性也不够理想。

【例4−5】　图 2−4−14 所示电路,稳压管为理想的,其稳压值分别为 $U_{Z1} = 6$ V, $U_{Z2} = 7$ V, $U_i = 15$ V, $R = 2$ kΩ, $R_L = 1$ kΩ,求负载上的电压 U_o。

【解】　由稳压管的工作原理知,只有当外加反向电压大于 U_Z 时,稳压管才工作。为使 D_{Z1} 工作在稳压区,必须满足

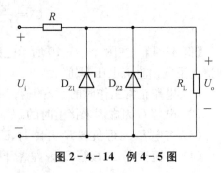

图 2−4−14　例 4−5 图

电压条件: $\dfrac{R_L}{R + R_L} U_i > 6$ V,即 $U_i > 18$ V

电流条件: $\dfrac{U_i - 6}{R} > \dfrac{6}{R_L}$, 即 $U_i > 18$ V

本题中 $U_i = 15$ V,稳压管 D_{Z1}、D_{Z2} 均未工作在稳压区,所以输出电压

$$U_o = \frac{R_L}{R + R_L} U_i = 5 \text{ V}$$

2. 串联型稳压电路

（1）电路的组成

图 2-4-15 所示为串联型稳压电路，主要由以下四部分组成。

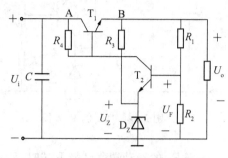

① 取样环节。由 R_1、R_2 组成的分压电路构成，它将输出电压 U_o 分出一部分作为取样电压 U_F 送到比较放大环节。

② 基准电压。由稳压二极管 D_Z 和电阻 R_3 构成的稳压电路组成，它为电路提供一个稳定的基准电压 U_Z，作为调整、比较的标准。

设 T_2 管发射结电压 U_{BE2} 可忽略，则

图 2-4-15　体管串联型稳压电路

$$U_F = U_Z = \frac{R_2}{R_1 + R_2} U_o$$

或

$$U_o = \frac{R_1 + R_2}{R_2} U_Z$$

其中，$\dfrac{R_2}{R_1 + R_2}$ 称为取样电路的取样比。改变电路的取样比，可以调节输出电压 U_o 的大小。当 U_o 经常需要调节时，可在分压电阻之间串接电位器 R_p。

③ 比较放大环节。由 T_2 和 R_4 构成直流放大器，其作用是将取样电压 U_F 与基准电压 U_Z 之差放大后去控制调整管 T_1。

④ 调整环节。由工作在线性放大区的功率管 T_1 组成，T_1 的基极电流 I_{B1} 受比较放大电路输出的控制，它的改变又可使集电极电流 I_{C1} 和集、射电压 U_{CE1} 改变，从而达到自动调整稳定输出电压的目的。由于调整管与负载串联，流过管子的电流很大，因此，调整管选用功率管。

（2）工作原理

电路的工作原理如下：当输入电压 U_i（或输出电流 I_o）变化引起输出电压 U_o 增加时，取样电压 U_F 相应增大，使 T_2 管的基极电流 I_{B2} 和集电极电流 I_{C2} 随之增加，T_2 管的集电极电位 U_{C2} 下降，因此 T_1 管的基极电流 I_{B1} 下降，使得 I_{C1} 下降，U_{CE1} 增加，U_o 下降，使 U_o 保持基本稳定。这一自动调压过程可表示如下：

$$U_o \uparrow \rightarrow U_F \uparrow \rightarrow I_{B2} \uparrow \rightarrow I_{C2} \uparrow \rightarrow U_{C2} \downarrow \rightarrow I_{B1} \downarrow \rightarrow U_{CE1} \uparrow \rightarrow U_o \downarrow$$

同理，当 U_i 或 I_o 变化使 U_o 降低时，调整过程相反，U_{CE1} 将减小使 U_o 保持不变。

从上述调整过程可以看出，该电路是依靠电压负反馈来稳定输出电压的。

串联型稳压电源输出电压稳定、可调，输出电流范围较大，技术经济指标好，在小功率稳压电源中应用很广，并且是高精度稳压电源的基础。

【例 4-6】　串联型稳压电路如图 2-4-16 所示，$U_Z = 2$ V，$R_1 = R_2 = 2$ kΩ，R_p 为 10 kΩ 的电位器，试求：输出电压 U_o 的最大值、最小值各为多少？

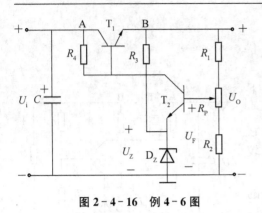

图 2-4-16　例 4-6 图

【解】: 由图 2-4-16 图可知

$$U_o \approx \frac{R_1 + R_P + R_2}{R_{P(下)} + R_2}(U_{BE2} + U_Z)$$

当 R_P 的滑动端移到最上端时,$R_{P(上)} = R_P$,U_o 达到最小值。即

$$U_{omin} \approx \frac{R_1 + R_P + R_2}{R_P + R_2}(U_{BE2} + U_Z)$$

$$= \frac{2 + 10 + 2}{10 + 2} \times 2 \, \text{V} = 2.3 \, \text{V}$$

当 R_P 的滑动端移到最下端时,$R_{P(下)} = 0$,U_o 达到最大值。即

$$U_{omax} \approx \frac{R_1 + R_P + R_2}{R_2}(U_{BE2} + U_Z)$$

$$= \frac{2 + 10 + 2}{2} \times 2 \, \text{V} = 14 \, \text{V}$$

3. 集成稳压电路

(1) 三端固定集成稳压电路

集成稳压器具有体积小、重量轻、可靠性高,使用灵活和价格低廉等优点,在工程实际中得到广泛应用。集成稳压器类型很多,以三端式集成稳压器的应用最为普遍。

集成稳压器多采用串联型稳压电路,组成框图如图 2-4-17 所示。

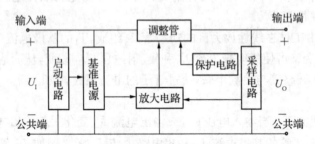

图 2-4-17　集成稳压器多采用串联型稳压电路

常用的有输出为正电压的 W7800 系列和输出为负电压的 W7900 系列。图 2-4-18 为 W7800 系列的外形、电路符号及基本接法。W7800 系列的输出电压有 5 V、6 V、9 V、12 V、15 V、18 V 和 24 V 共 7 个挡次。型号(也记为 W78××)的后两位数字表示其输出电压的挡次值。例如,型号为 W7805 和 W7812 其分别输出电压为 5 V 和 12 V。W7900 系列输出电压挡次值与 W7800 系列相同,但其管编号与 W7800 系列不同,如图 5-6(a)所示。

78×× 系列集成稳压器的外形如图 2-4-19(a)所示,图 2-4-19(b)是其典型应用电路。为了让稳压器管工作正常,输入直流电压 U_{sr} 至少比输出电压 U_{sc} 高出 2 V。电容 C_1、C_2 用来进行频率补偿,防止自激振荡和抑制高频干扰。

W7900 系列输出固定负电压稳压电路,其工作原理及电路的组成与 W7800 系列基本相

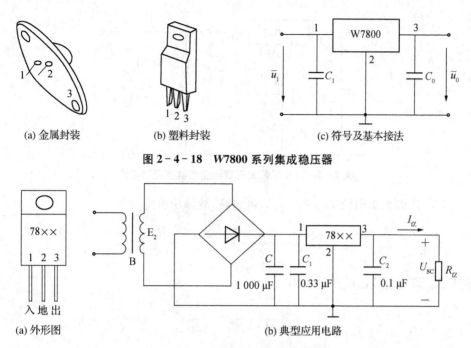

(a) 金属封装　　　(b) 塑料封装　　　(c) 符号及基本接法

图 2－4－18　W7800 系列集成稳压器

(a) 外形图　　　　　　　　　(b) 典型应用电路

图 2－4－19　固定式三端集成稳压器

同,实际中,可根据负载所需电压和电流的大小选择不同型号的集成稳压器。

图 2－4－20 是用 78××和 79××构成的正、负对称输出的稳压电源。图中 D_5、D_6 的作用是:在输出端接负载的情况下,若 7912 的输入端开路,则 7812 输出的 $+U_{sc}$ 会通过负载加到7912 的输出端,有了 D_6 的限幅,7912 输出端对地承受的反压仅为 0.7 V 左右,从而使稳压器得到保护。

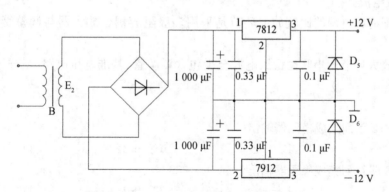

图 2－4－20　正、负输出对称的稳压电源

(2) 三端可调集成稳压电路

78××和 79××系列均为输出电压固定的三端稳压器,若要求输出电压具有一定的调节范围,则应使用可调式三端集成稳压器。如 LM117 可输出 1.25 V～37 V 连续可调的正电压,LM317 可输出－1.25 V～－37 V 连续可调的负电压,其典型应用电路如图 2－4－21所示。

图中电阻 R 与电位器 R_w 构成取样电路,输出端与调整端 ADJ 间的压差就是基准电压

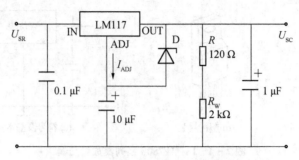

图 2-4-21　可调式三端稳压器典型应用电路

$U_{REF}=1.25$ V,因调整端电流 $I_{ADJ}=50\ \mu A$,可忽略,故输出电压约为

$$U_{SC}\approx U_{REF}+\frac{U_{REF}}{R}\cdot R_w=\left(1+\frac{R_w}{R}\right)U_{REF}$$

显然,调节 R_w 可改变输出电压的大小。

习　题　四

一、判断题

1. 在并联稳压电路中,不要限流电阻 R,利用稳压管的稳压性能也能输出稳定的直流电压。(　　)

2. 串联型稳压电路是靠调整管 C、E 两极间的电压来实现稳压的。(　　　)

3. 串联型稳压电路因为负载电流是通过稳压管的,所以它与并联型稳压电路相比只能供给较小的负载电流。(　　)

4. 串联型稳压电源的比较放大环节是采用多级阻容耦合放大器与调整管连接实现的。(　　　)

5. 带有放大环节的串联型稳压电源至少包含调整管、基准电压电路、采样电路和比较放大电路四部分。(　　)

二、选择题

1. CW7812 系列集成稳压器输出(　　)。
   A. +2　　　　　　　B. -2　　　　　　　C. +12　　　　　　　D. -12

2. CW7805 系列集成稳压器输出(　　)。
   A. +5　　　　　　　B. -5　　　　　　　C. +15　　　　　　　D. -15

3. CW7905 系列集成稳压器输出(　　)。
   A. +5　　　　　　　B. -5　　　　　　　C. +15　　　　　　　D. -15

4. 串联型稳压电路中的调整管的工作状态是(　　)。
   A. 饱和　　　　　　B. 截止　　　　　　C. 开关　　　　　　D. 放大

5. 串联型稳压电路中的放大环节所放大的对象是(　　)。
   A. 基准电压　　　　　　　　　　　　　B. 采样电压
   C. 基准电压与采样电压之差　　　　　　D. 基准电压与采样电压之和

三、计算题

1. 整流滤波电路如图 2 - 4 - 22 所示。已知 $u_{2i}=20\sqrt{2}\sin\omega t\,(\mathrm{V})$，在下述不同情况下，说明输出直流电压平均值 U_o 各为多少伏？

（1）电容 C 因虚焊未接上；

（2）有电容 C，但 $R_L=\infty$（负载 R_L 开路）；

（3）整流桥中有一个二极管因虚焊开路，有电容 C，$R_L=\infty$；

（4）有电容 C，但 $R_L\neq\infty$；

（5）同上述第（3）问，但 $R_L\neq\infty$，即一般负载情况下。

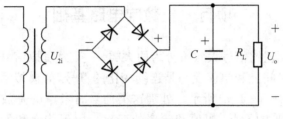

图 2 - 4 - 22　计算题 1 图

2. 上题中已知 $R_L=50\,\Omega$，$C=1\,000\,\mu\mathrm{F}$，用交流表量得 $U_2=20\,\mathrm{V}$。如果用直流电压测得直流电压平均值 U_o 有下列几种情况：(1) 28 V，(2) 18 V，(3) 24 V，(4) 9 V，试分析它们是电路分别处在什么情况（指电路正常或出现某种故障）。

3. 如图 2 - 4 - 23 所示，已知稳压管 D_Z 的稳压值 $U_Z=6\,\mathrm{V}$，$I_{Zmin}=5\,\mathrm{mA}$，$I_{Zmax}=40\,\mathrm{mA}$，变压器次级电压有效值 $U_2=20\,\mathrm{V}$，电阻 $R=240\,\Omega$，电容 $C=200\,\mu\mathrm{F}$。求：(1) 整流滤波后的直流电压 U_i 约为多少伏？(2) 当电网电压在 $\pm10\%$ 的范围内波动时，负载电阻 R_L 允许的变化范围有多大？

4. 串联型稳压电路如图 2 - 4 - 24 所示。已知：$U_Z=10\,\mathrm{V}$，$R_1=R_2=100\,\Omega$，R_p 为 300 Ω 的电位器，求：输出电压 U_o 的调节范围。

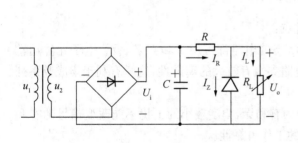

图 2 - 4 - 23　计算题 3 图

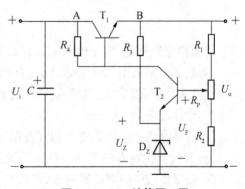

图 2 - 4 - 24　计算题 4 图

模块五　数字逻辑电路

项目一　数字电路基础

现代电子线路所处理的信号大致可分为两大类,一类为模拟信号,另一类为数字信号。所谓模拟信号是指在时间上和幅值上都是连续变化的符号,如模拟话音、温度、压力等一类物理量的信号。如图 2-5-1(a)所示。处理这类信号时考虑的是放大倍数、频率失真、相位失真等,重点分析波形的形状、幅值和频率的变化。用于传递和处理模拟信号的电子电路,称为模拟电路。所谓数字信号是指在时间上和幅值上都是断续变化的离散信号。如图 2-5-1(b)所示。用于传递和处理数字信号的电子电路,称为数字电路。它主要研究输出与输入信号之间的对应逻辑关系,其分析的主要工具是逻辑代数。因此,数字电路又称为逻辑电路。

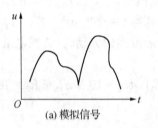 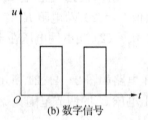

图 2-5-1

与模拟电路相比,数字电路主要有如下优点:

① 数字电路采用二进制数,凡是有两个状态的电路都可用 1 和 0 来表示,电子元件通常工作在开关状态,因此,电路结构简单,允许电路参数有较大的离散性,这样有利于集成及系列化生产,成本较低,使用方便。

② 数字电路的信号是用 1 和 0 表示信号的有和无,幅度较小的干扰不能改变信号的有和无,因此其抗干扰能力较强,从而提高了电路的工作可靠性。

③ 数字集成电路产品系列多、通用性强,并且信息便于长期保存。

④ 数字电路的分析方法,重点研究各种数字电路输出与输入之间的相互关系,即逻辑关系,因此分析数字电路的数学工具是逻辑代数,表达数字电路逻辑功能的方式主要是真值表、逻辑表达式、逻辑图和波形图。

数字电路虽然有多方面的优点,但是也有一定的局限性,因此,实际电子系统往往把数字电路和模拟电路结合起来,组成一个完整的系统。

1. 常用电子开关元件

在数字电路中,逻辑变量的取值不是 1 就是 0,与之对应的电子开关具有两种状态,亦可用逻辑 1 和逻辑 0 分别表示。电子线路中常用到的半导体二极管、三极管和 MOS 管,则是构成这种电子开关的基本开关元件。

(1) 逻辑状态与正负逻辑的规定

数字电路中,电位的高低是两种不同的逻辑状态,可用逻辑 1 和逻辑 0 分别表示。有两种不同的表示方法,规定如下:

若将高电平表示有效信号,用逻辑 1 表示;低电平表示无效信号,用逻辑 0 表示,称为正逻辑体制,简称正逻辑。反之称为负逻辑。

对于同一个电路,可以采用正逻辑也可以采用负逻辑,但应事先设定。因为即使同一电路,由于选择正、负逻辑体制不同,功能也不相同,本书中若无特殊说明,均采用正逻辑。

(2) 高低电平的规定

由于电路所处环境温度的变化、电源电压的波动及电路中元件参数的分散性和某些干扰信号等因素的影响,实际工作中的高低电平都不是唯一的固定值。通常高低电平都有一个 允许的变化范围,只要能明确区分这两种对应工作状态就可以了。若高电平太低,或低电平太高,都会破坏原来确定的逻辑关系。因此规定了高电平的下限值,用 U_{SH} 表示;同样也规定了低电平的上限值,用 U_{SL} 表示。在实际应用中,应满足高电平 $U_H \geqslant U_{SH}$,低电平 $U_L \leqslant U_{SL}$。如图 2 – 5 – 2(a)、(b)所示。

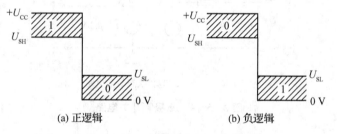

(a) 正逻辑　　　　　　　　　　(b) 负逻辑

图 2 – 5 – 2　高低电平逻辑示意图

(3) 二极管开关特性

二极管的主要特性是单向导电性。当二极管两端加正向电压到一定值时,二极管导通。其管压降基本为一定值,一般硅管约为 0.7 V,锗管约为 0.3 V。如同一个具有一定压降的闭合了的开关;当二极管加反向电压时,二极管截止,反向电阻为几百千欧到几兆欧,如同一个断开的开关。

二极管在电路中可作为开关使用。但是,它不是一个理想的开关,可认为其等效电路,如图 2 – 5 – 3(a)、(b)、(c)所示。

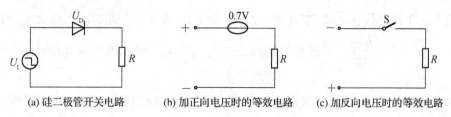

(a) 硅二极管开关电路　　(b) 加正向电压时的等效电路　　(c) 加反向电压时的等效电路

图 2 – 5 – 3　硅二极管开关电路

(4) 三极管开关特性

在数字电路中,三极管主要工作在截止或饱和导通状态,并经常在截止与饱和导通状态之间进行转换,放大状态仅作为一个快速的过渡,三极管这种状态称为开关状态。下面分别讨论三极管的开关特性。

以硅材料 NPN 型三极管共射极电路为例进行分析,如图 2-5-4(a)所示。

① 截止状态。

当输入信号 $U_i = 0$ V 时,三极管发射结电压 $U_{BE} < 0.5$ V,$I_B \approx 0$,$I_C \approx 0$,$U_{CE} \approx U_{CC}$,集电极电压反偏,$U_{BC} < 0$,此时,三极管发射极与集电极之间近似开路,如同一个断开了的开关,其等效电路如图 2-5-4(b)所示。

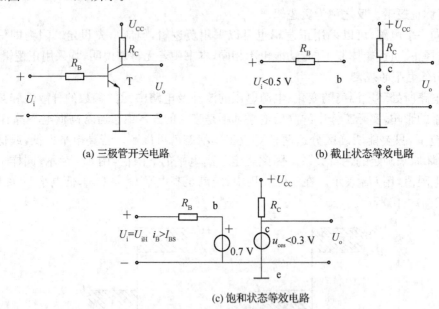

(a) 三极管开关电路　　　　　　　　(b) 截止状态等效电路

(c) 饱和状态等效电路

图 2-5-4　三极管开关电路

截止条件:　　　　　　　　　　　　$U_{BE} < U_{th} = 0.5$ V。

式中,U_{th} 是硅管发射结的死区电压,当发射结电压 $U_{BE} < 0.5$ V 时,硅材料三极管基本上是截止的,因此,在数字电路中分析、估算时,常把 $U_{BE} < 0.5$ V 作为硅三极管截止的条件。

截止的特点:$i_B \approx 0$,$i_C \approx 0$,如同断开的开关。

② 饱和导通状态。

三极管进入饱和状态,集电极电流 I_C 不再随着 I_B 的增加而增大,$U_{CE} = U_{CES} \approx 0.3$ V,集电极与发射极之间等效电阻很小,近似短路,如图一个闭合了的开关,其等效电路如图 2-5-4(c)所示。

三极管处在饱和状态时,I_C 与 I_B 和 β 无关,而与 R_C 成反比。此时的集电极电流用 I_{CS} 表示,$I_{CS} = \dfrac{U_{CC} - U_{CES}}{R_C} \approx \dfrac{U_{CC}}{R_C}$。三极管的饱和条件是 $i_B > I_{BS}$,即三极管饱和时,$U_{BE} = 0.7$ V,$U_{CE} = U_{CES} \leqslant 0.3$ V。

饱和导通条件:当三极管基极电流 i_B 大于其临界饱和时的基极电流 I_{BS} 时,饱和导通。即

$i_B > I_{BS} \approx \dfrac{U_{CC}}{\beta R_C}$时,三极管饱和导通。

饱和导通时的特点:对硅材料三极管来说,饱和导通以后$U_{BE} \approx 0.7$ V,$U_{CE} = U_{CES} \leqslant 0.3$ V。如同闭合的开关。

通过上述分析可知,三极管具有开关作用,截止时相当于开关断开,饱和时相当于开关闭合。当三极管作为开关时,应工作在截止或饱和状态。

2. 基本逻辑关系

基本的逻辑关系有与逻辑、或逻辑和非逻辑三种。与之对应的逻辑运算为与运算、或运算和非运算。

(1) 与逻辑

在图2-5-5(a)开关串联电路中,开关A、B的状态(闭合或断开)与灯Y的状态(亮和灭)存在着确定的因果关系。设开关闭合、灯亮为逻辑1,开关断开、灯灭为逻辑0,则开关A、B的全部组合与灯Y状态之间的对应关系如表2-5-1所示。它反映了开关电路中开关A、B的状态取值与灯Y状态之间的对应关系。这种关系可简述为:当决定某个事件的全部条件都具备(如开关A、B都闭合)时,这件事才会发生(灯Y亮)。这种因果关系称为与逻辑关系。

表2-5-1称为与逻辑真值表。根据该表可看出逻辑变量A、B的取值和函数Y之间的关系满足逻辑乘的运算规律,可用下式表示

$$Y = A \cdot B = AB$$

读作Y等于A与B,这种运算称与运算。与运算和算术中乘法运算是一样的,所以又称逻辑乘运算。实现与运算的逻辑电路称为与门,其符号如图2-5-5(b)所示。对于多变量的逻辑乘可写成

$$Y = A \cdot B \cdot C \cdots$$

式中乘的符号"·"常省略。

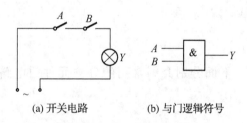

(a) 开关电路　　(b) 与门逻辑符号

图2-5-5　串联开关电路

表2-5-1　与逻辑真值表

A	B	Y
0	0	0
0	1	0
1	0	0
1	1	1

(2) 或逻辑

在图2-5-6(a)并联开关电路中,开关A、B闭合,或开关A和B都闭合时,灯Y就亮;只有开关A、B都断开时,灯Y才熄灭。这种因果关系可以简述为:当决定一件事情(灯亮)的所有条件中,只要有一个条件或几个条件具备时,这件事情(灯亮)就会发生,这种因果关系称为或逻辑。表2-5-2为或逻辑真值表。由该表可分析逻辑变量A、B的取值和函数Y值之间的关系满足逻辑加的运算规律,可用下式表示

$$Y = A + B$$

读作 Y 等于 A 或 B，这种运算称为或运算。或运算和算术中加法运算很相似，所以又称逻辑相加运算。实现或运算的电路称为或门，其符号如图 2-5-6(b)所示。对于多变量的逻辑加可写成

$$Y = A + B + C + \cdots$$

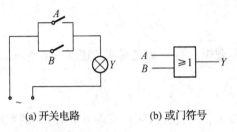

(a) 开关电路   (b) 或门符号

图 2-5-6 并联开关电路

表 2-5-2 或逻辑真值表

A	B	Y
0	0	0
0	1	0
1	0	1
1	1	1

（3）非逻辑

在图 2-5-7(a)所示的开关电路中，开关 A 闭合时，灯 Y 灭，而当开关断开时，灯 Y 亮。这种互相否定的因果关系，称为逻辑非。表 2-5-3 为非逻辑真值表，非逻辑用下式表示

$$Y = \overline{A}$$

上式中，在变量上方的"—"号表示非。读作 Y 等于 A 非。实现非运算的电路称为非门，其逻辑符号如图 2-5-7(b)所示。由于非门的输出信号和输入信号相反，因此，"非门"又称为"反相器"。

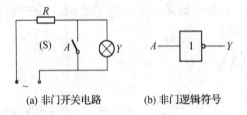

(a) 非门开关电路   (b) 非门逻辑符号

图 2-5-7 非门开关电路

表 2-5-3 非逻辑真值表

A	Y
0	1
1	0

3. 门电路

门电路是数字电路的基本单元电路。下面分别介绍常用的分立元件门电路和 TTL、CMOS 集成门电路及其使用常识。

（1）分立元件门电路

① 二极管构成的与门电路。

如图 2-5-8 所示，为二极管构成的与门电路，它有两个输入端 A、B，一个输出端 Y。设输入信号只有两种取值，低电平 0 V，高电平 5 V。下面讨论输入端在输入不同信号时与门的输出情况。

a. 当 A、B 输入均为高电平，$U_A = U_B = 5$ V，二极管 VD_1、VD_2 均导通，假设二极管正向导通压降为 0.7 V，则输出电压 $U_Y = 5$ V + 0.7 V = 5.7 V，为高电平。

b. 当输入端 $U_A = 0$ V、$U_B = 5$ V 时，二极管 VD_1 优先导通，输出端 Y 被钳位于 0.7 V，输

入高电平的二极管 VD_2 受反向电压作用而截止,因此,输出端 $U_Y=0.7\ V$。

c. 当输入端 $U_B=0\ V$、$U_A=5\ V$ 时,二极管 VD_2 优先导通,VD_1 受反向电压作用而截止,同理 $U_Y=0.7\ V$。

d. 当输入端 $U_A=U_B=0\ V$ 时,二极管 VD_1、VD_2 均导通,输出 $U_Y=0.7\ V$。

将前面分析的结果,若输出与输入信号相对应的各种高电平和低电平用1、0赋值,则得到逻辑真值表,如表2-5-4所示。图2-5-8(b)为与门逻辑符号,该电路输入与输出 的逻辑关系也可用函数表达式表示

$$Y=AB$$

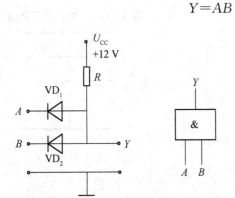

图 2-5-8　二极管与门及逻辑函数符号

表 2-5-4　与门逻辑真值表

输入		输出
A	B	Y
0	0	0
0	1	0
1	0	0
1	1	1

② 用二极管构成的或门电路。

如图2-5-9(a)、(b)所示,分别为二极管或门电路和其逻辑符号。

设定同上面与门电路相同,工作原理的分析亦同理。

a. 当输入端 A、B 都为 0 V 时,VD_1、VD_2 均导通,输出电压钳位在 $-0.7\ V$,即输出为低电平,$U_Y=-0.7\ V$。

b. 当输入端 A、B 中有一个为 5 V,另一个为 0 V,或两个输入端均为 5 V 时,输出电压为高电平,$U_Y=4.3\ V$。

将上面分析的结果,用表格表示,高电平和低电平用1、0赋值,得到表2-5-5或门逻辑真值表。

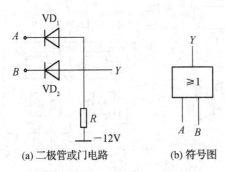

(a) 二极管或门电路　　(b) 符号图

图 2-5-9　二极管或门电路

表 2-5-5　或门逻辑真值表

输入		输出
A	B	Y
0	0	0
0	1	0
1	0	1
1	1	1

图2-5-9(b)为或门逻辑符号,此电路输入与输出的逻辑关系也可用函数表达式表示,即

$$Y=A+B$$

③ 三极管非门电路。

如图 2-5-10(a)所示为非门电路。当在输入端 A 输入 0 V 时，$U_{BE}\leqslant 0$ V，三极管 V 截止，输出 Y 为高电平；当输入端 A 输入高电平 5 V 时，合理选择 R_B、R_1 的值，使三极管 T 工作在饱和状态，输出 Y 为低电平。其表 2-5-6 所示的非门逻辑真值表。其逻辑符号如图 2-5-10(b)所示。

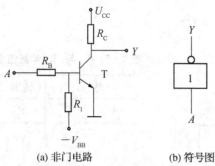

(a) 非门电路   (b) 符号图

图 2-5-10 三极管非门电路

表 2-5-6 非门逻辑真值表

输入	输出
A	Y
0	1
1	0

(2) 集成门电路简介

分立元件构成的门电路应用时有许多缺点，如体积大、可靠性差等，一般在电子电路中作为补充电路时用到，在数字电路中广泛采用的是集成门电路。

集成门电路目前主要有两个大类，一类采用三极管构成的，如 TTL 集成电路（双极型三极管）。另一类是由 MOS 管构成的，通常有 NMOS 集成电路、PMOS 集成电路以及两者混合构成的 CMOS 集成电路。

TTL 门电路有不同系列的产品，各系列产品的参数不同，其中 74LS 系列的产品综合性较好，应用广泛。下面介绍几种不同类型的 TTL 门电路。

① 与非门电路（74LS00）。

集成与非门 74LS00 是一种二输入端与非门，其内部有四个二输入端的与非门，其电路图和引脚图如图 2-5-11(a)、(b)所示。

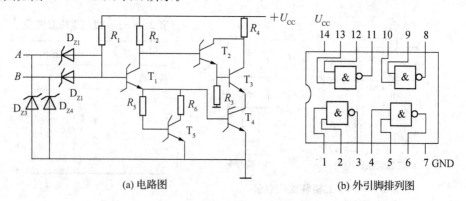

(a) 电路图   (b) 外引脚排列图

图 2-5-11 74LS00 与非门

当与非门的二个输入端 A、B 中有一个或一个以上为低电平 0，其输出 Y 为高电平 1；当二

个输入端 A、B 全为高电平 1,输出端 Y 为低电平 0,即得

$$Y = \overline{AB}$$

② 或非门(74LS36)。

集成或非门 74LS36 是一种二输入端或非门,内部有四个独立的或非门,其引脚和逻辑符号如图 2-5-12(a)、(b)所示。内部电路结构及工作原理跟与非门类似,不再画出。

当或非门的二个输入端 A、B 中有一个或一个以上为高电平 1,其输出 Y 为低电平 0;当二个输入端 A、B 全为低电平 0,输出端 Y 为高电平 1,即得

$$Y = \overline{A+B}$$

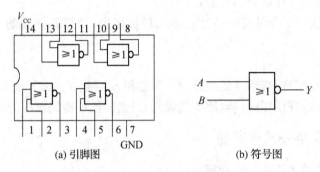

(a) 引脚图　　　　　　　　　　(b) 符号图

图 2-5-12　74LS36 或非门

③ 异或门(74LS86)。

74LS86 是常用的一种二输入端四异或逻辑门。其内部电路的逻辑图及逻辑符号如 2-5-13所示。

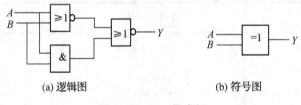

(a) 逻辑图　　　　　　　　　　(b) 符号图

图 2-5-13　异或门

由 2-5-13 图可得

$$Y = \overline{\overline{AB} + \overline{A} + \overline{B}} = \overline{AB} \cdot (A+B)$$
$$= (\overline{A} + \overline{B})(A+B) = A\overline{B} + \overline{A}B = A \oplus B$$

4. 逻辑函数的表示方法

表示一个逻辑函数有多种方法,常用的有:真值表、逻辑函数表达式和逻辑图。它们各有特点,还可以相互转换。

(1) 真值表

真值表是根据给定的实际问题加以分析,把输入逻辑变量的各种可能取值的组合和相对应的输出函数排列在一起而组成的表格。每个变量有两种可能的取值,若有 n 个输入变量,则

有 2^n 个不同的变量取值组合。

在列真值表时,为避免遗漏,变量取值的组合一般按二进制数递增的顺序排列。

用真值表表示逻辑函数其优点是直观、明了地表示了逻辑变量的各种取值情况与逻辑函数值之间的关系。

(2) 逻辑函数表达式

逻辑函数表达式是用与、或、非等基本逻辑运算表示各输入变量和输出函数之间逻辑关系的代数式。根据真值表直接写出的表达式是标准的与一或逻辑表达式。写标准与一或逻辑表达式的方法是:

① 任意一组变量取值中的 1 写成对应的原变量,0 写反变量,这样得到一个乘积项,如 A、B、C 三个变量的取值为 101 时,则可写成 $A\overline{B}C$。

② 把逻辑函数值为 1 所对应的各变量乘积项加起来,便得到标准的与一或逻辑函数表达式。

(3) 逻辑图

逻辑图是用逻辑符号连接组成的电路图。根据逻辑函数表达式可画逻辑图。画图时,只要把表达式中各逻辑运算用相应门电路的逻辑符号代替,就可得到对应的逻辑图。

5. 逻辑函数常用公式和定理

以下讲述逻辑代数的基本公式和定理。

(1) 基本公式

① 常量与常量之间的关系。

逻辑常量有 1 和 0,常量与常量之间的逻辑关系如表 2-5-7 所示。

表 2-5-7　常量与常量之间的关系

与逻辑公式	或逻辑公式	非逻辑公式
$0 \cdot 0 = 0$ $0 \cdot 1 = 0$ $1 \cdot 0 = 0$ $1 \cdot 1 = 1$	$0 + 0 = 0$ $0 + 1 = 1$ $1 + 0 = 1$ $1 + 1 = 1$	$\overline{0} = 1$ $\overline{1} = 0$

② 常量与变量之间的逻辑关系。

设 A 为逻辑变量,则逻辑常量与变量之间的逻辑关系如表 2-5-8 所示。

表 2-5-8　常量与变量之间的逻辑关系

与逻辑公式	或逻辑公式	非逻辑公式
$A \cdot 0 = 0$ $A \cdot 1 = A$ $A \cdot A = A$ $A \cdot \overline{A} = 0$	$A + 0 = A$ $A + 1 = 1$ $A + A = A$ $A + \overline{A} = 1$	$\overline{\overline{A}} = A$

(2) 与普通代数相似的定律

与普通代数相似的定律有交换律、结合律和分配律,如表 2-5-9 所示。

表 2 - 5 - 9 与普通代数相似的定律

交换律	$A+B=B+A$ $A\cdot B=B\cdot A$
结合律	$A+B+C=(A+B)+C=A+(B+C)$ $A\cdot B\cdot C=(A\cdot B)\cdot C=A\cdot(B\cdot C)$
分配律	$A\cdot(B+C)=A\cdot B+A\cdot C$ $A+BC=(A+B)(A+C)$

上述表中除分配律 $A+BC=(A+B)(A+C)$ 以外,其他都和普通代数完全一样,它们的正确性均可证明。简便的证明方法是将变量的各种可能取值代入等式进行计算,如果等号两边的值相等,则等式成立。

(3)逻辑代数中的一些特殊定律

逻辑代数中的一些特殊定律如表 2 - 5 - 10 所示。

表 2 - 5 - 10 逻辑代数中的一些特殊定律

同一律	$AA=A$ $A+A=A$
摩根定律	$\overline{A+B}=\overline{A}\,\overline{B}$ $\overline{AB}=\overline{A}+\overline{B}$
还原律	$\overline{\overline{A}}=A$

(4)几种常用公式

除基本公式外,逻辑代数中还有一些常用公式,这些公式在逻辑函数化简时用得很多。如表 2 - 5 - 11 所示。

表 2 - 5 - 11 几种常用的公式

公 式	证 明
$A+AB=A$	$A+AB=A(1+B)=A1=A$
$AB+A\overline{B}=A$	$AB+A\overline{B}=(B+\overline{B})=A1=A$
$A+\overline{A}B=A+B$	$A+\overline{A}B=(A+\overline{A})(A+B)=1(A+B)=A+B$
$AB+\overline{A}C+BC=AB+\overline{A}C$	$AB+\overline{A}C+BC=AB+\overline{A}C+BC(A+\overline{A})=AB+\overline{A}C+ABC+\overline{A}BC$ $=AB(1+C)+\overline{A}C(1+B)=AB+\overline{A}C$

项目二 组合逻辑电路

1. 组合逻辑电路的特点及表示方法

在数字系统中,根据逻辑功能及电路结构的不同,数字电路可分为组合逻辑电路和时序逻辑电路。若数字电路的任一时刻的稳态输出信号,仅取决于该时刻的输入信号,而与输入信号之前的工作状态无关,则该电路称为组合逻辑电路。

组合逻辑电路在结构上是由各种逻辑门电路组成的,且电路中不含有记忆功能的逻辑单元,也不含有反馈电路。

描述组合逻辑电路逻辑功能的方法主要有逻辑函数表达式、真值表和逻辑图。下面通过实例叙述组合逻辑电路的表示方法。

【例 5 - 1】 如图 2 - 5 - 14 所示逻辑电路,根据电路写逻辑函数表达式,并列真值表。

【解】: ① 根据电路写输出逻辑函数表达式

$$Y_1 = AB, Y_2 = AC, Y_3 = BC$$
$$Y = Y_1 + Y_2 + Y_3 = AB + AC + BC$$

② 列逻辑函数真值表。将输入端 A、B、C 各种取值组合代入式 $Y = AB + AC + BC$ 中得到相应 Y 的值。由此可得表 2 - 5 - 12 真值表。

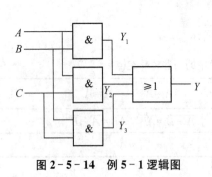

图 2 - 5 - 14　例 5 - 1 逻辑图

表 2 - 5 - 12　例 5 - 1 的真值表

A	B	C	Y
0	0	0	0
0	0	1	0
0	1	0	0
0	1	1	1
1	0	0	0
1	0	1	1
1	1	0	1
1	1	1	1

2. 组合逻辑电路的设计方法

(1) 一般设计方法

① 列真值表。

根据设计要求,确定输入和输出信号及它们之间的因果关系并画出示意图;状态赋值,根据设计要求写出真值表。注:输入信号最好以二进制数递增的顺序进行排列。

② 根据真值表写函数表达式。

将真值表中输出为 1 所对应的各个乘积项进行逻辑相加,可得到输出逻辑函数表达式。

③ 对输出函数进行化简。

用公式法化简输出函数。

④ 画逻辑图。

根据需要将最简输出逻辑函数表达式进行变换,然后画出逻辑图。

(2) 设计举例

【例 5 - 2】 试用与非门设计一个 A、B、C 三人表决电路。当表决某个提案时,多数人同意,提案通过,否则不能通过。

【解】: ① 分析设计要求,列真值表。通过分析可知输入变量为 A、B、C,设输出变量为 Y,对逻辑变量赋值,A、B、C 同意用 1 表示,否则用 0 表示;Y 为表决结果,Y 为 1 表示提案通过,否则用 0 表示。根据分析结果,列真值表,如表 2 - 5 - 13 所示。

② 根据真值表写出相应的逻辑表达式,并进行化简和变换。

表 2 - 5 - 13　例 5 - 2 真值表

输入			输出
A	B	C	Y
0	0	0	0
0	0	1	0
0	1	0	0
0	1	1	1
1	0	0	0
1	0	1	1
1	1	0	1
1	1	1	1

$$Y = \overline{A}BC + A\overline{B}C + AB\overline{C} + ABC$$
$$= \overline{A}BC + A\overline{B}C + AB(C + \overline{C})$$
$$= \overline{A}BC + A\overline{B}C + AB$$
$$= \overline{A}BC + A(B + C)$$
$$= \overline{A}BC + AB + AC$$
$$= B(A + C) + AC$$
$$= AB + BC + AC$$

进行公式变换

$$Y = \overline{\overline{AB + BC + AC}}$$
$$= \overline{\overline{AB} \cdot \overline{BC} \cdot \overline{AC}}$$

③ 根据变换后的逻辑表达式,画逻辑图如图 2-5-15 所示。

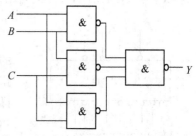

图 2-5-15 例 5-2 逻辑图

3. 编码器和译码器

（1）编码器

将具有特定意义的对象用文字、符号或数字表示的过程,称为编码。例如生活中经常用的邮政编码、电话号码、运动员号码等都是编码。上述这些均用十进制数编码,十进制数编码在电路中使用比较困难,因此,在数字电路中是用二进制数编码。实现编码功能的电路,称为编码器。编码器是一种多输入、多输出的组合逻辑电路,其输入是被编信号,输出是二进制代码。

编码器可分为二进制编码器、二—十进制编码器和优先编码器等。

① 二进制编码器。

一位二进制代码可表示 2 个信号,两位二进制代码可表示 4 个信号,依次类推,n 位二进制代码可表示 2^n 个信号。即用 n 位二进制代码对 2^n 个信号进行编码的电路,称为二进制编码器。

a. 已知表 2-5-14 是二进制编码的真值表,输入是 8 个需要进行编码的信号 $I_0 \sim I_7$,输出是二进制代码 $Y_0 \sim Y_2$。

表 2-5-14 二进制编码器的真值表

输入	输出		
	Y_2	Y_1	Y_0
I_0	0	0	0
I_1	0	0	1
I_2	0	1	0
I_3	0	1	1
I_4	1	0	0
I_5	1	0	1
I_6	1	1	0
I_7	1	1	1

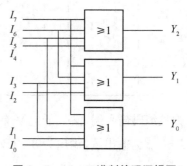

图 2-5-16 二进制编码逻辑图

b. 根据真值表写逻辑表达式。

$I_0 \sim I_7$ 之间是互相排斥的,将函数值为 1 的信号加起来,便得到相应输出信号的与或表达式。

$$Y_2 = I_4 + I_5 + I_6 + I_7$$
$$Y_1 = I_2 + I_3 + I_6 + I_7$$
$$Y_0 = I_1 + I_3 + I_5 + I_7$$

c. 逻辑图。

根据表达式可画如图 2-5-16 所示的逻辑图。图中 I_0 的编码是隐含的,当输入端 $Y_2 Y_1 Y_0$ =000 时,即为 I_0 信号。

② 二—十进制编码器。

将十进制的数 0~9 编成二进制代码的电路,称为二—十进制编码器,其工作原理与二进制编码器类似,因此,不再详细介绍。

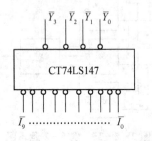

图 2-5-17　74LS147 的逻辑示意图

③ 优先编码器。

前面介绍的二进制编码器,输入信号之间是互相排斥的,而优先编码器则不一样,允许输入信号同时输入,但是电路只对其中级别最高的进行编码,不理睬级别低的信号。这样的编码器称为优先编码器。

在优先编码器中,级别高的信号排斥级别低的信号。至于优先顺序是根据实际问题的需要而定。

图 2-5-17 所示为集成优先编码器 CT74LS147 的外引脚排列图。表 2-5-15 所示为优先编码器 CT74LS147 的真值表。

表 2-5-15　优先编码器 CT74LS147 的真值表

输　　　入										输　出			
$\overline{I_9}$	$\overline{I_8}$	$\overline{I_7}$	$\overline{I_6}$	$\overline{I_5}$	$\overline{I_4}$	$\overline{I_3}$	$\overline{I_2}$	$\overline{I_1}$	$\overline{I_0}$	$\overline{Y_3}$	$\overline{Y_2}$	$\overline{Y_1}$	$\overline{Y_0}$
0	×	×	×	×	×	×	×	×	×	0	1	1	0
1	0	×	×	×	×	×	×	×	×	0	1	1	1
1	1	0	×	×	×	×	×	×	×	1	0	0	0
1	1	1	0	×	×	×	×	×	×	1	0	0	1
1	1	1	1	0	×	×	×	×	×	1	0	1	0
1	1	1	1	1	0	×	×	×	×	1	0	1	1
1	1	1	1	1	1	0	×	×	×	1	1	0	0
1	1	1	1	1	1	1	0	×	×	1	1	0	1
1	1	1	1	1	1	1	1	0	×	1	1	1	0
1	1	1	1	1	1	1	1	1	0	1	1	1	1

$\overline{I_9} \sim \overline{I_0}$ 为被编码输入端,输入低电平有效,$\overline{I_9}$ 设为级别最高,$\overline{I_8}$ 次之,其余依次类推,$\overline{I_0}$ 级别最低。$\overline{Y_3} \sim \overline{Y_0}$ 为输出端,输出为 8421BCD 码的反码。

(2) 译码器

译码和编码的过程正好相反。编码是将特定意义的对象编成二进制代码,译码是将二进

制的代码按其编码时的原意相对应地翻译出来。实现译码功能的电路称为译码器。译码器输
入为二进制的代码,输出是与输入代码相对应的特定信息。

译码在数字电路和微型计算机中,应用非常广泛。按其用途大致可分为,二进制译码器、
二—十进制译码器和显示译码器。

① 二进制译码器。

将二进制代码,按其原意翻译成对应输出信号的电路,
称为二进制译码器。

若输入是2位二进制代码,译码器输出为4根线,又称2
线—4线译码器;输入是3位二进制代码,译码器输出为8根
线,又称3线—8线译码器;输入是n位二进制代码,译码器
输出为2^n根线。

集成3线—8线译码器74LS138。其外引脚排列图如图
2-5-18所示,其真值表,如表2-5-16所示。

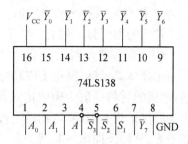

**图 2 - 5 - 18　译码器 74LS138
外引线排列图**

表 2 - 5 - 16　集成译码器 74LS138

输		入			输			出				
S_1	$\overline{S}_3+\overline{S}_2$	A_2	A_1	A_0	$\overline{Y}_7$	$\overline{Y}_6$	$\overline{Y}_5$	$\overline{Y}_4$	$\overline{Y}_3$	$\overline{Y}_2$	$\overline{Y}_1$	$\overline{Y}_0$
0	×	×	×	×	1	1	1	1	1	1	1	1
×	1	×	×	×	1	1	1	1	1	1	1	1
1	0	0	0	0	1	1	1	1	1	1	1	0
1	0	0	0	1	1	1	1	1	1	1	0	1
1	0	0	1	0	1	1	1	1	1	0	1	1
1	0	0	1	1	1	1	1	1	0	1	1	1
1	0	1	0	0	1	1	1	0	1	1	1	1
1	0	1	0	1	1	1	0	1	1	1	1	1
1	0	1	1	0	1	0	1	1	1	1	1	1
1	0	1	1	1	0	1	1	1	1	1	1	1

表2-5-16是它的真值表,S_1、$\overline{S}_2$ 和$\overline{S}_3$ 是三个输入选通控制端,当$S_1=0$ 或$\overline{S}_2+\overline{S}_3=1$
时,译码器不工作,译码器的输出$\overline{Y}_0 \sim \overline{Y}_7$ 全为无效信号1;当$S_1=1$、$\overline{S}_2+\overline{S}_3=0$ 时,译码器工
作,即进行译码。

$$\overline{Y}_0 = \overline{\overline{A}_2\,\overline{A}_1\,\overline{A}_0} = \overline{m}_0 \qquad \overline{Y}_4 = \overline{A_2\,\overline{A}_1\,\overline{A}_0} = \overline{m}_4$$

$$\overline{Y}_1 = \overline{\overline{A}_2\,\overline{A}_1\,A_0} = \overline{m}_1 \qquad \overline{Y}_5 = \overline{A_2\,\overline{A}_1\,A_0} = \overline{m}_5$$

$$\overline{Y}_2 = \overline{\overline{A}_2\,A_1\,\overline{A}_0} = \overline{m}_2 \qquad \overline{Y}_6 = \overline{A_2\,A_1\,\overline{A}_0} = \overline{m}_6$$

$$\overline{Y}_3 = \overline{\overline{A}_2\,A_1\,A_0} = \overline{m}_3 \qquad \overline{Y}_7 = \overline{A_2\,A_1\,A_0} = \overline{m}_7$$

二进制译码器的应用非常广泛。在数字系统中,往往需要把公共数据线上的数据按要求
分配到不同的电路中,带选通端的译码器都可作分配器;另外,由于二进制译码器的输出为输
入变量的全部最小项,而任何一个逻辑函数都可变换成最小项之和的与—或标准式,因此,用
集成二进制译码器和门电路可方便地实现组合逻辑函数。

② 显示译码器。

在数字系统中,如数字仪表、计算机等,常需要把测量的数据及运算的结果以十进制数的字型显示出来。因此,要将二—十进制代码送到译码器中进行译码,再用译码器的输出去驱动数码显示器。译码器和数码显示一般都集成在一块芯片内。

a. 数码显示器的基本知识。

常用的数码显示器有:半导体显示器和液晶显示器。

● 半导体显示器。

半导体显示器,又称 LED 显示器。它是当前用得最多的显示器之一。其基本结构是 PN 结,所用的材料一般为磷砷化镓,将单个 PN 结封装可构成发光二极管,若用七个 PN 结按规定的顺序排列并封装,可构成七段发光数码管。当外加正向电压 1.5 V～3 V 时,数码管导通而发光,外加反向电压时截止。

半导体显示器的特点是工作电压低、体积小、寿命长,转换速度快,颜色丰富、清晰,工作性能可靠。但是工作电流较大。

七段数码管有共阳极和共阴极两种类型。共阳极数码管是将各个发光二极管阳极连在一起,接高电平,阴极分别接译码器的输出;共阴极数码管是将各个发光二极管阴极连在一起,接低电平,阳极分别接译码器的输出。无论哪种接法,只有在发光二极管处在正向导通状态,才能发光。其内部接线图及外引脚图如图 2-5-19 所示。七段由七只发光二极管 a、b、c、d、e、f、g 构成,选择不同二极管,可显示出不同的字形。例如:当 a、b、c、d、e、f 亮时,显示 0 字。

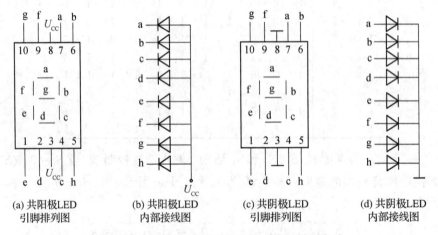

(a) 共阳极LED 引脚排列图　　(b) 共阳极LED 内部接线图　　(c) 共阴极LED 引脚排列图　　(d) 共阴极LED 内部接线图

图 2-5-19　LED 数码管外引线及内部接线电路

● 液晶显示器。

液晶显示器,又称 LCD 显示器。液晶是一种具有液体的流动性,又有晶体光学特性的有机化合物。外加电场控制其透明度和颜色。利用液晶也能制成七段液晶数码显示器,它的字形与七段半导体显示器类似。

液晶显示器本身并不发光。在没有外加电场时,液晶分子按一定规律整齐排列着,入射的光线大部分由反射电极反射回来,液晶呈现透明状态,显示器呈乳白色。当在字段上加上适当电压后,液晶中的导电正离子作定向运动,从而破坏了液晶分子的整齐排列,入射光产生散射,致使原来透明的液晶变成了暗灰色。因此,显示出相应的数字。

液晶显示器的特点工作电流小、工作电压低、体积小、结构简单,因此,成本低。但是,显示的数码不够清晰,转换速度较慢。常用于计算器、电子表和小型计算机等。

b. 七段显示译码器。

七段显示译码器CC14547。其逻辑功能示意图如图2-5-20所示。A、B、C、D为输入端,按8421BCD编码,$Y_a \sim Y_g$是输出端,高电平有效。$\overline{BI}$为消引控制端。其功能表如表2-5-17所示。

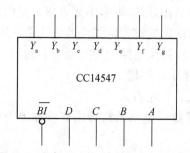

图2-5-20　逻辑功能示意图

表2-5-17　七段显示译码器功能表

输　　入					输　　出							数字显示
$\overline{BI}$	D	C	B	A	Y_a	Y_b	Y_c	Y_d	Y_e	Y_f	Y_g	
0	×	×	×	×	0	0	0	0	0	0	0	消隐
1	0	0	0	0	1	1	1	1	1	1	1	0
1	0	0	0	1	0	1	1	0	0	0	0	1
1	0	0	1	0	1	1	0	1	1	0	1	2
1	0	0	1	1	1	1	1	1	0	0	1	3
1	0	1	0	0	0	1	1	0	0	1	1	4
1	0	1	0	1	1	0	1	1	0	1	1	5
1	0	1	1	0	0	0	1	1	1	1	1	6
1	0	1	1	1	1	1	1	0	0	0	0	7
1	1	0	0	0	1	1	1	1	1	1	1	8
1	1	0	0	1	1	1	1	1	0	1	1	9
1	1	0	1	0	0	0	0	0	0	0	0	消隐
1	1	0	1	1	0	0	0	0	0	0	0	消隐
1	1	1	0	0	0	0	0	0	0	0	0	消隐
1	1	1	0	1	0	0	0	0	0	0	0	消隐
1	1	1	1	0	0	0	0	0	0	0	0	消隐
1	1	1	1	1	0	0	0	0	0	0	0	消隐

根据表2-5-17可知,当$\overline{BI}=0$时,译码器不工作,$Y_a \sim Y_g$输出均为低电平,显示器不显数字;当$\overline{BI}=1$时,译码器工作。译码器根据输入端A、B、C、D的不同值,而得到相应的数字。如DCBA=1 000时,输出$Y_a \sim Y_g$都为高电平,显示8字,CC14547显示译码器可直接驱动半导体数码显示器及其他显示器。

习 题 五

一、判断题

1. 从结构上看,组合逻辑电路由门电路构成,不含有任何记忆性器件。（　　）
2. 在二进制译码器中,若输入有四位代码,则输出有八个信号。（　　）
3. 优先编码器的编码信号是相互排斥的,不允许多个编码信号同时有效。（　　）
4. 只考虑本位数而不考虑低位的进位的加法器称为全加器。（　　）
5. 组合逻辑电路中的竞争冒险是电路中存在延时引起的。（　　）
6. 74LS48 是共阴极字符显示译码器。（　　）
7. 发光二极管的电压是 0.7 V 左右。（　　）
8. 共阴极接法发光二极管数码显示器需选用有效输出为低电平的七段显示译码器来驱动。（　　）
9. 组合逻辑电路中产生竞争冒险的主要原因是输入信号受到尖峰干扰。（　　）
10. 二—十进制编码器 74LS147 的输出可直接送译码器驱动显示。（　　）

二、选择器

1. 在组合逻辑电路常用的设计方法中,可以用（　　）来表示逻辑抽象的结果。
   A. 状态表　　　　　　B. 状态图　　　　　　C. 真值表　　　　　　D. 特性方程
2. 下列只有（　　）属于组合逻辑电路。
   A. 寄存器　　　　　　B. 编码器　　　　　　C. 触发器　　　　　　D. 计数器
3. 能将表示特定意义信息的二进制代码译成对应的输出高、低电平信号的逻辑电路称（　　）。
   A. 译码器　　　　　　B. 编码器　　　　　　C. 触发器　　　　　　D. 计数器
4. 半导体二极管的每个显示段都是由（　　）构成的。
   A. 发光三极管　　　　B. 熔丝　　　　　　　C. 发光二极管　　　　D. 灯丝
5. 若在编码器中有 100 个编码对象,则要求输出二进制代码位数为（　　）位。
   A. 5　　　　　　　　　B. 6　　　　　　　　　C. 7　　　　　　　　　D. 8

三、计算题

1. 代数法化简下列各式。

$$(1)\ Y = A + ABC + A\,\overline{BC} + BC + \overline{B}C$$

$$(2)\ Y = \overline{A}\,\overline{B} + (AB + A\overline{B} + \overline{A}B)C$$

$$(3)\ Y = (A \oplus B)C + ABC + \overline{A}\,\overline{B}C$$

2. 列车分为特快、直快和慢车 3 种,车站发车的优先顺序为：特快、直快、慢车。在同一时间里车站只能开出 1 班列车,即列车只能给一班列车所对应的开车信号。试设计一个能满足上述要求的逻辑电路。

3. 设计一个三人表决器。

模块六　时序逻辑电路

前面介绍了多种门电路，它们在某一时刻的输出稳定信号仅取决于该时刻的输入信号，没有记忆功能。在数字系统中，常需要存储数字信息，触发器是具备该功能的器件。下面就介绍一些常用的触发器。

项目一　基本 RS 触发器

1. 基本 RS 触发器的组成结构与符号

与非门组成的电路如图 2-6-1(a)所示，图 2-6-1(b)是它的符号。

它由两个与非门交叉组合构成。$\overline{S}$ 和 $\overline{R}$ 是信号输入端，字母上的反号表示低电平有效(逻辑符号中用小圈表示)。它有两个输出端 Q 与 $\overline{Q}$，正常情况下，这两个输出端信号必须互补，否则会出现逻辑错误。

通常规定 Q 端的状态决定触发器的状态。即 $Q=1(\overline{Q}=0)$ 称触发器为 1 状态，简称 1 态；$Q=0(\overline{Q}=1)$ 称触发器为 0 状态，简称 0 态。

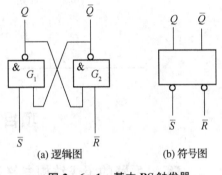

(a) 逻辑图　　　　(b) 符号图

图 2-6-1　基本 RS 触发器

2. 基本 RS 触发器逻辑功能

(1) 逻辑功能

当 $\overline{R}=0$、$\overline{S}=1$ 时，触发器置 0。$\overline{R}=0$ 为有效信号，G_2 门输出为 1，即 $\overline{Q}=1$，此时，G_1 门输入为高电平，输出为 0 即 $Q=0$，这种状态触发器称为 0 状态。

当 $\overline{R}=1$、$\overline{S}=0$ 时，触发器置 1。$\overline{R}=0$ 为有效信号，G_1 门输出为 1 即 $Q=1$，此时，G_2 门输入为高电平，输出为 0 即 $\overline{Q}=0$，触发器为 1 状态。

当 $\overline{R}=\overline{S}=1$ 时，触发器保持原状态不变。$\overline{R}=\overline{S}=1$ 均为无效信号，G_1 和 G_2 门都保持原来工作状态不变。

当 $\overline{R}=\overline{S}=0$ 时，触发器状态不定。这时触发器输出 $Q=\overline{Q}=1$，既不是 1 状态，也不是 0 状态。而在 $\overline{R}$ 和 $\overline{S}$ 同时撤销信号由 0 变 1 时，由于 G_1 和 G_2 门的传输时的不一致性，致使触发器的状态无法确定，0 状态或 1 状态都可能存在。实际工作中，这种工作状态是不允许的。

(2) 真值表及特征方程

通过上面分析了基本 RS 触发器基本逻辑功能，现总结如下：

① 真值表。

真值表是反映在输入信号作用下输出状态如何改变的一种表格。基本 RS 触发器真值表如表 2-6-1 所示。

② 特征方程(状态方程)。

特征方程是表 2-6-1 的数学表达方式,考虑 $\overline{R}=\overline{S}=0$ 输入时会带来输出状态不定的影响,故由表 2-6-1 写出 Q_{n+1} 表达式时,应该严禁这种输入。

$$\begin{cases} Q_{n+1} = S + \overline{R}Q_n \\ \overline{S} + \overline{R} = 1 \end{cases}$$

③ 时序图。

时序图是用高低电平反映触发器的逻辑功能的波形图,它比较直观,而且可用示波器验证。图 2-6-2 画出了基本 RS 触发器的时序图。从图中可以看出,当 $\overline{R}=\overline{S}=0$ 时,Q 与 $\overline{Q}$ 功能紊乱,但电平仍然存在;当 $\overline{R}$ 和 $\overline{S}$ 同时由 0 跳到 1 时,状态出现不定。

表 2-6-1　基本 RS 触发器真值表

$\overline{R}$	$\overline{S}$	Q_{n+1}
0	0	不定
0	1	0
1	0	1
1	1	Q_n

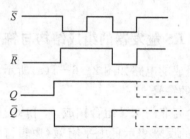

图 2-6-2　基本 RS 触发器时序图

项目二　JK 触发器

1. JK 触发器的组成结构与符号

JK 触发器如图 2-6-3(a)所示,1~8 门为与非门,9 门为非门,图 2-6-3(b)是 JK 触发器的逻辑符号。

2. JK 触发器逻辑功能

(1) 逻辑功能

JK 触发器有两个输入控制端,分别用 J 和 K 表示,这是一种逻辑功能齐全的触发器,它具有置 0、置 1、保持和翻转四种功能。

当输入信号 $J=K=0$,$Q_{n+1}=Q_n$——保持;

当输入信号 $J=0$,$K=1$,$Q_{n+1}=0$——置 0;

当输入信号 $J=1$,$K=0$,$Q_{n+1}=1$——置 1;

当输入信号 $J=1$,$K=1$,$Q_{n+1}=\overline{Q}_n$——翻转。

这表明当输入 $J=K=1$,在 CP 作用下,新状态总是和原状态相反。这种功能称为计数功能。

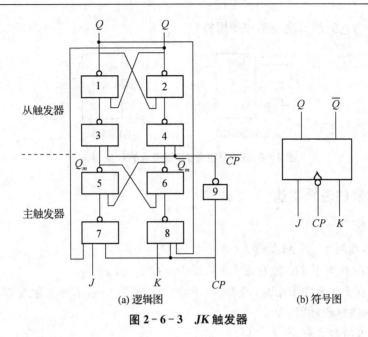

图 2-6-3 JK 触发器

（2）真值表及特征方程

① 真值表。

JK 触发器真值表如表 2-6-2 所示。

表 2-6-2 JK 触发器真值表

J	K	Q_{n+1}
0	0	Q_n
0	1	0
1	0	1
1	1	$\overline{Q}_n$

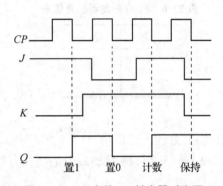

图 2-6-4 主从 JK 触发器时序图

② 特征方程。

由表 2-6-2 写出主从 JK 触发器的特征方程：

$$Q_{n+1} = J_n + \overline{K}Q_n$$

（3）时序图

如图 2-6-4 所示是主从 JK 触发器的时序图。

项目三 D 触发器

1. D 触发器的组成结构及符号

在 JK 触发器的 K 端，串接一个非门，再接到 J 端，引出一个控制端 D，就组成 D 触发器。

图 2-6-5 所示为它的逻辑接线图和逻辑符号。

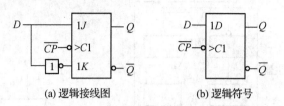

(a) 逻辑接线图　　　　　　(b) 逻辑符号

图 2-6-5　用触发 JK 器接成的 D 触发器

2. D 触发器的逻辑功能

(1) 逻辑功能

① D＝0 时,相当于 JK 触发器 $J=0$, $K=1$, $Q_{n+1}=0$;

② 当 D＝1 时相当于 JK 触发器 $J=1$, $K=0$, $Q_{n+1}=1$。

综上所述：在 CP 脉冲作用时,若 $D=0$,触发器状态为 0;若 $D=1$,触发器状态为 1,故有时称 D 触发器为数字跟随器。

(2) 真值表及特征方程

① 真值表。

D 触发器的真值表如表 2-6-3 所示。

表 2-6-3　D 触发器的真值表

D	Q_{n+1}
0	0
1	1

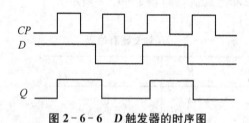

图 2-6-6　D 触发器的时序图

② 特征方程。

由表 2-6-3 可得 D 触发器的特征方程：

$$Q_{n+1} = D$$

(3) 时序图

D 触发器的时序图如图 2-6-6 所示。

项目四　T 触发器

1. T 触发器的组成结构及符号

　　T 触发器是一种可控制的计数触发器。把 JK 触发器的 J 端和 K 端相接作为控制端,称为 T 端,就构成 T 触发器。如图 2-6-7 所示是用 JK 触发器接成的 T 触发器的逻

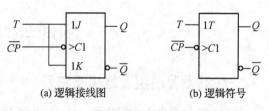

(a) 逻辑接线图　　　　(b) 逻辑符号

图 2-6-7　用 JK 触发器接成的 T 触发器

辑接线图及逻辑符号。

2. T 触发器的逻辑功能

（1）逻辑功能

T 触发器具有一个信号输入端 T 端；在 CP 脉冲来临时若 $T=1$ 使触发器翻转，若 $T=0$ 则触发器保持原来的状态。

（2）真值表及特征方程

① 真值表。

T 触发器的真值表如表 $2-6-4$ 所示。

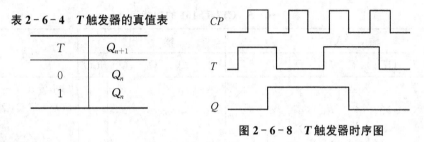

表 $2-6-4$ 　T 触发器的真值表

T	Q_{n+1}
0	Q_n
1	Q_n

图 $2-6-8$ 　T 触发器时序图

② 特征方程。

由表 $2-6-4$ 可得 T 触发器的特征方程：

$$Q_{n+1} = T\overline{Q}_n + \overline{T}Q_n$$

（3）时序图

T 触发器的时序图如图 $2-6-8$ 所示。

项目五　计数器

用来统计输入脉冲 CP 个数的电路，称为计数器。其主要由触发器组成。计数器是数字系统中应用最多的时序电路，如各种各样的数字仪表、数字计算机及生活领域无所不在。

计数器的种类很多，特点各异。它的分类如下：按计数器中的触发器翻转情况分，有同步计数和异步计数器；按计数进制分，有二进制计数器、二—十进制计数器和任意进制计数器；按计数增减情况分，有加法计数器、减法计数器和可逆计数器（加/减计数器）。

电子技术的发展日新月异，目前生产的各种系列的集成计数器较多，在数字电路中应用较为方便。

1. 集成同步二进制加法计数器

CT74LS161 为集成 4 位同步二进制加法计数器，其外引脚排列图与逻辑功能示意图如 $2-6-9(a)$、（b）所示。

图 $2-6-9$ 中的 $\overline{CR}$ 为异步置 0 控制端，$\overline{LD}$ 为同步置数控制端，CT_P、CT_T 为计数控制端，$D_0 \sim D_3$ 为数据并行输入端，$Q_0 \sim Q_3$ 为输出端，CO 为进位输出端。它的逻辑功能如表 $2-6-5$ 所示。

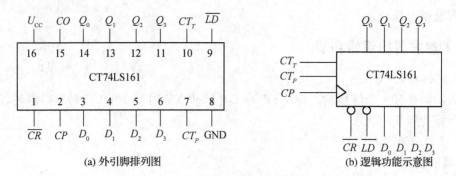

(a) 外引脚排列图　　　　　　　(b) 逻辑功能示意图

图 2-6-9　CT74LS161 外引脚排列及逻辑功能示意图

表 2-6-5　CT74LS161 的功能表

输　　入									输　　出					说　　明
$\overline{CR}$	$\overline{LD}$	CT_P	CT_T	CP	D_3	D_2	D_1	D_0	Q_3	Q_2	Q_1	Q_0	CO	
0	×	×	×	×	×	×	×	×	0	0	0	0	0	异步置0
1	0	×	×	↑	d_3	d_2	d_1	d_0	d_3	d_2	d_1	d_0		$CO=CT_TQ_3Q_2Q_1Q_0$
1	1	1	1	↑					计		数			$CO=Q_3Q_2Q_1Q_0$
1	1	0	×	×	×	×	×	×	保		持			$CO=CT_TQ_3Q_2Q_1Q_0$
1	1	×	0	×	×	×	×	×	保		持		0	

由表 2-6-5 可知 CT74LS161 的计数功能如下：

① 异步清0功能。当 $\overline{CR}=0$ 时，计数器清零，其他信号都无效。即 $Q_3^{n+1}Q_2^{n+1}Q_1^{n+1}Q_0^{n+1}=0000$。

② 同步并行置数功能。当 $\overline{CR}=1$，$\overline{LD}=0$ 时，在时钟脉冲 CP 上升沿到来，并行输入的数据 $d_0 \sim d_3$ 被置入计数器，使 $Q_3^{n+1}Q_2^{n+1}Q_1^{n+1}Q_0^{n+1}=d_3d_2d_1d_0$。

③ 计数功能。当 $\overline{CR}=\overline{LD}=1$ 时，若 $CT_P=CT_T=1$，输入计数脉冲 CP 上升沿到来时，计数器进行二进制加法计数。

④ 保持功能。当 $\overline{CR}=\overline{LD}=1$ 时，若 $CT_P=0$，或 $CT_T=0$，则计数器保持原来的状态不变，进位输出信号有两种情况，若 $CT_T=1$，则 $CO=Q_3^nQ_2^nQ_1^nQ_0^n$；若 $CT_T=0$，则 $CO=0$。

2. 集成十进制异步计数器

CT74LS290 为集成十进制异步计数器，图 2-6-10 为异步二—五—十进制计数器

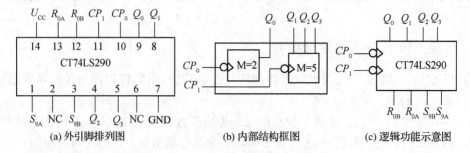

(a) 外引脚排列图　　　(b) 内部结构框图　　　(c) 逻辑功能示意图

图 2-6-10　集成计数器 CT74LS290

CT74LS290 的外引脚排列图、内部结构框图和逻辑功能示意图。

图中 R_{0A}、R_{0B} 为置 0 端，S_{9A}、S_{9B} 为置 9 端，表 2 - 6 - 6 为它的功能表。

表 2 - 6 - 6　CT74LS290 的功能表

输　　入			输　　出				说　明
$R_{0A} \cdot R_{0B}$	$S_{9A} \cdot S_{9B}$	CP	Q_3	Q_3	Q_1	Q_0	
1	0	$\times$	0	0	0	0	清零
0	1	$\times$	1	0	0	1	置 9
0	0	$\downarrow$	计		数		

由表 2 - 6 - 6 可知 CT74LS290 的逻辑功能：

① 异步清零功能。当 $R_{0A} \cdot R_{0B} = 1$，$S_{9A} \cdot S_{9B} = 0$ 时，计数器清零，即 $Q_3^{n+1} Q_2^{n+1} Q_1^{n+1} Q_0^{n+1}$ = 0000，与时钟脉冲无关。

② 异步置 9 功能。当 $S_{9A} \cdot S_{9B} = 1$，$R_{0A} \cdot R_{0B} = 0$ 时，计数器置 9，即 $Q_3^{n+1} Q_2^{n+1} Q_1^{n+1} Q_0^{n+1}$ = 1001，它也与时钟脉冲 CP 无关。

③ 计数功能。当 $R_{0A} \cdot R_{0B} = 0$、$S_{9A} \cdot S_{9B} = 0$ 时，处在计数工作状态，有如下四种不同情况：

计数脉冲由 CP_0 端输入，从 Q_0 输出时，构成一位二进制计数器；计数脉冲由 CP_1 端输入，输出为 $Q_3 Q_2 Q_1$ 时，则构成五进制计数器；若把 Q_0 和 CP_1 相连，脉冲 CP 从 CP_0 端输入，输出为 $Q_3 Q_2 Q_1 Q_0$ 时。则构成 8421BCD 码异步十进制加法计数器；若把 CP_0 和 Q_3 相连，脉冲 CP 从 CP_1 端输入，输出从高到低按 $Q_0 Q_3 Q_2 Q_1$ 依次排列，则构成 5421BCD 码异步十进制加法计数器。

3. 利用集成计数器实现任意(N)进制计数器

利用集成二进制计数器或十进制计数器芯片，可方便地构成所需要的任意进制计数器。实现任意进制计数器采用的方法有两种：一种是利用异步清零或置数；另一种是利用同步清零或置数。

(1) 异步清零或置数端归零获得 N 进制计数器

步骤：① 写出状态 S_N 的二进制代码；

　　　② 写反馈归零逻辑函数表达式；

　　　③ 画连线图。

(2) 同步清零或置数端归零获得 N 进制计数器

步骤：① 写出状态 S_{N-1} 的二进制代码；

　　　② 写反馈归零逻辑函数表达式；

　　　③ 画连线图。

【例 6 - 1】　用 CT74LS290 构成九进制计数器。

【解】：① 按 8421BCD 码构成需要的计数器，写 S_9 的二进制代码 $S_9 = 1001$。

② 写反馈归零函数表达式。CT74LS290 为异步置 0，置零端高电平有效，只有 $R_{0A} = R_{0B}$ = 1 时，计数器才能被置 0，因此，反馈归零函数表达式为 $R_0 = R_{0A} \cdot R_{0B} = Q_3 Q_0$。

③ 画连线图。根据反馈归零函数式 $R_0=Q_3Q_0$ 来画图。实现九进制计数器,应把 R_{0A}、R_{0B} 分别接 Q_3、Q_0,同时将 S_{9A}、S_{9B} 接低电平 0。连线时应注意,由于 CT74LS290 内部电路是两个独立的计数器,所以必须将 Q_0 和 CP_1 连在一起,如图 2-6-11 所示。

【例 6-2】 用 CT74LS161 构成十二进制计数器。

【解】:CT74LS161 芯片是集成同步二进制计数器,内部设有同步置数控制端$\overline{LD}$,可利用它实现十二进制计数器。设计数器从 $Q_3Q_2Q_1Q_0=0000$ 状态开始计数,由于利用同步置数端归零来获得十二进制计数器,因此,使并行端 $D_3D_2D_1D_0=0000$。用置数端获得任意进制计数器一般都从 0 开始计数。

① 写 S_{N-1} 的二进制代码为

$$S_{N-1}=S_{12-1}=S_{11}=1011=Q_3Q_1Q_0$$

② 写反馈置数函数表达式为

$$\overline{LD}=\overline{Q_3Q_1Q_0}$$

③ 画连线图。根据反馈置数函数表达式画十二进制计数器的连线图,如图 2-6-12 所示。

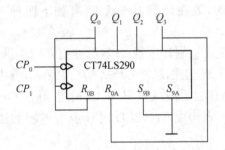

图 2-6-11　用 CT74LS290 构成九进制计数器

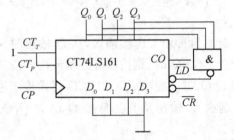

图 2-6-12　用 CT74LS161 构成十二进制计数器

*项目六　寄存器

寄存器按功能可分为数据寄存器和移位寄存器。

1. 数据寄存器

数据寄存器简称为寄存器,又称数据缓冲器或锁存器。其功能是接受、存储和输出数据。比较常见的是用多个 D 触发器构成的。74LS74 实际上就是由两个 D 触发器构成的寄存器。寄存器 74LS175 是有 4 个带异步清零端的 D 触发器构成。比较常用的寄存器有 74LS273 和 74LS373。二者均含有 8 个 D 触发器。

2. 移位寄存器

移位寄存器是一种特殊的寄存器。它不但可以寄存数据,而且在时钟操作下可以使其中的数据依次左移或右移(相当于将数据乘 2 或除 2),并广泛应用在串行—并行转换电路中。

74LS194 就是一个 4 位移位寄存器器件,具有双向移位、并行输入、保持数据和清除数据等功能。如图 2-6-13(a)、(b)所示为 74LS194 的外引线图和逻辑符号图。图中 CP 为时钟

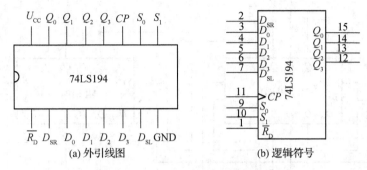

图 2 - 6 - 13　74LS194 外线图和逻辑符号

输入端,上升沿有效;$\overline{R}_D$ 数据清零输入端,低电平有效;$D_0 \sim D_3$ 为 4 位并行数据输入端;D_{SR} 为右移串行数据输入端;D_{SL} 为左移串行数据输入端;$Q_0 \sim Q_3$ 为数据输出端;S_0 和 S_1 为工作方式控制端,当 $S_1 S_0 = 00$ 时电路工作状态为数据保持,当 $S_1 S_0 = 01$ 时为右移状态。当 $S_0 S_1 = 10$ 时为左移状态,当 $S_1 S_0 = 11$ 时为数据并行输入。74LS194 的功能表如表 2 - 6 - 7 所示。

表 2 - 6 - 7　74LS194 功能表

输　　入							输　　出			
$\overline{R}_D$	S_1	S_0	CP	D_{SL}	D_{SR}	D_1	Q_0^{n+1}	Q_1^{n+1}	Q_2^{n+1}	Q_3^{n+1}
0	$\times$	$\times$	$\times$	$\times$	$\times$	$\times$	0	0	0	0
1	$\times$	$\times$	0	$\times$	$\times$	$\times$	Q_0^n	Q_1^n	Q_2^n	Q_3^n
1	1	1	$\uparrow$	$\times$	$\times$	D_1	D_0	D_1	D_2	D_3
1	0	1	$\uparrow$	$\times$	1	$\times$	1	Q_0^n	Q_1^n	Q_2^n
1	0	1	$\uparrow$	$\times$	0	$\times$	0	Q_0^n	Q_1^n	Q_2^n
1	1	0	$\uparrow$	1	$\times$	$\times$	Q_1^n	Q_2^n	Q_3^n	1
1	1	0	$\uparrow$	0	$\times$	$\times$	Q_1^n	Q_2^n	Q_3^n	0
1	0	0	$\times$	$\times$	$\times$	$\times$	Q_0^n	Q_1^n	Q_2^n	Q_3^n

　　常见的 8 位移位寄存器有 74LS164(串入、并出)、74LS165(并入、串出)、74LS166(串并入、串出)等。

　　【例 6 - 3】　试用两片 74LS194 完成移位寄存器的扩展。

　　说明:如果需要寄存器的数据比移位寄存器的位数还多时,移位寄存器容量就不够用了。当然可以更换采用位数更多的移位寄存器,但是也可以通过扩展接法,将几片集成电路接在一起使用,以满足寄存器容量的要求。

　　【解】:将第一片 74LS194 的末位输出端 Q_3 接至第二片 74LS194 的右移输入端 D_{SR},而将第二片 74LS194 的第一位输出端接到第一片 74LS194 的左移输入端 D_{SL}。同时将两片 74LS194 的 CP、$\overline{R}_D$、S_1 和 S_0 分别相连,这样就构成了 8 位双向寄存器,第一片 D_{SR} 就是该 8 位双向移位寄存器的右移输入端。如图 2 - 6 - 14 所示。

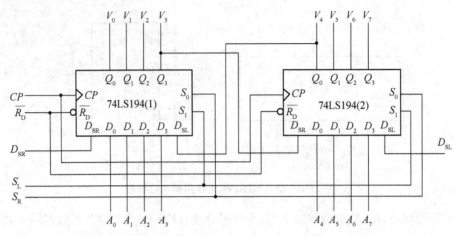

图 2 - 6 - 14　用两片 74LS194 构成八位双向移位寄存器

习　题　六

一、判断题

1. D 触发器的特性方程 $Q_{n+1}=D$，与 Q_n 无关，所以它没有记忆功能。(　　)

2. 对边沿 JK 触发器，在 CP 为高电平期间，当 $J=K=1$ 时，状态会翻转一次。(　　)

3. 同步时序电路具有统一的时钟 CP 控制。(　　)

4. 把一个五进制计数器与一个十进制计数器串联可得到十五进制计数器。(　　)

5. 利用反馈归零法获得 N 进制计数器时，若为异步置零方式，则状态 S_N 只是短暂的过渡状态，不能稳定而是立刻变为 0 状态。(　　)

二、选择器

1. 一个触发器可记录一位二进制代码，它有(　　)个稳态。

　　A. 0　　　　　　　　　B. 1　　　　　　　　　C. 2　　　　　　　　　D. 3

2. 存储 4 位二进制信息要(　　)个触发器。

　　A. 2　　　　　　　　　B. 3　　　　　　　　　C. 4　　　　　　　　　D. 8

3. 对于 D 触发器，欲使 $Q_{n+1}=Q_n$，应使输入 $D=$(　　)。

　　A. 0　　　　　　　　　B. 1　　　　　　　　　C. Q　　　　　　　　　D. $\overline{Q}$

4. 边沿式 D 触发器是一种(　　)稳态电路。

　　A. 无　　　　　　　　　B. 单　　　　　　　　　C. 双　　　　　　　　　D. 多

5. 同步计数器和异步计数器比较，同步计数器的显著优点是(　　)。

　　A. 工作速度高　　　　　　　　　　　　B. 触发器利用率高

　　D. 电路简单　　　　　　　　　　　　D. 不受时钟 CP 控制

6. 把一个五进制计数器与一个四进制计数器串联可得到(　　)进制计数器。

　　A. 四　　　　　　　　　B. 五　　　　　　　　　C. 九　　　　　　　　　D. 二十

7. 下列逻辑电路中为时序逻辑电路的是(　　)

　　A. 变量译码器　　　　B. 加法器　　　　　C. 数码寄存器　　　　D. 数据选择器

8. 下列触发器中,不能用于移位寄存器的是(　　　　)。

A. D 触发器　　　B. JK 触发器　　C. 基本 RS 触发器　D. T 触发器

9. 寄存器的电路结构特点是(　　)。

A. 只有 CP 输入端　　　　　　　B. 只有数据输入端

C. 两者皆有　　　　　　　　　　D. 无法确定

10. 清零法适用于有(　　)的集成计数器。

A. 有异步置零输入端　　　　　　B. 只有预置数端

C. 进位输出端　　　　　　　　　D. 使能端

三、设计题

1. RS 触发器如图 $2-6-15$(a)所示,已知输入信号波形如图 $2-6-15$(b)所示,试画出输出端 Q、$\overline{Q}$ 的波形。

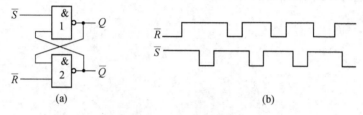

图 $2-6-15$　设计题 1 图

2. 触发器接成图 $2-6-16$(a)、(b)、(c)、(d)所示形式,设触发器的初始状态为 0,试根据图 $2-6-16$(e)所示的 CP 波形画出 Q_a、Q_b、Q_c、Q_d 的波形。

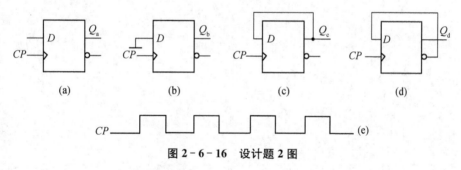

图 $2-6-16$　设计题 2 图

3. 沿触发的 JK 触发器输入波形如图 $2-6-17$ 所示,设触发器初态为 0,画出相应输出波形。

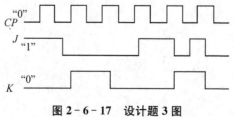

图 $2-6-17$　设计题 3 图

4. 触发器电路如图 $2-6-18$ 所示,设初状态均为 0,试根据 CP 波形画出 Q_1、Q_2 的波形。

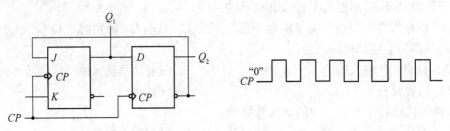

图 2 - 6 - 18　设计题 4 图

5. 直接清零法,将集成计数器 74LS290(74LS290 芯片的管脚排列如图 2 - 6 - 10 所示)构成三进制计数器和九进制计数器,画出逻辑电路图。

6. 利用异步清零或置数方法将集成计数器 74LS161(74LS161 芯片的管脚排列如图 2 - 6 - 9 所示)构成十三进制计数器,画出逻辑电路图。

模块七 555 定时器及其应用

555 定时器是一种多用途的中规模单片集成电路,它由美国 Sginetics 公司于 1972 年最早开发研制的,因输入端设计有三个 5 kΩ 的电阻而得名。用它可以构成单稳态触发器、多谐振荡器和施密特触发器等多种电路。它是将模拟功能和逻辑功能巧妙地结合在一起,具有功能强大、使用灵活、应用范围广等优点,广泛地用于工业控制、家用电器、电子玩具乐器、数字设备等方面,俗称"万能块"。

项目一 555 集成定时器结构及基本原理

555 集成定时器按内部器件类型可分双极型(TTL 型)和单极型(CMOS 型)。TTL 型产品型号的最后 3 位数码是 555 或 556(含有两个 555),CMOS 型产品型号的最后 4 位数码都是 7555 或 7556(含有两个 7555),它们的逻辑功能和外部引线排列完全相同。555 芯片和 7555 芯片是单定时器,556 芯片和 7556 芯片是双定时器。TTL 型的定时器静态功耗高,电源电压使用范围为 +5 V～+15 V;CMOS 型的定时器静态功耗较低,输入阻抗高,电源电压使用范围为 +3 V～+18 V,且在大多数的应用场合可以直接替换 TTL 型的定时器。这里的定时器,指的是 555 电路。

555 定时器可以说是模拟电路与数字电路结合的典范,其内部电路简图如图 2-7-1 所示。

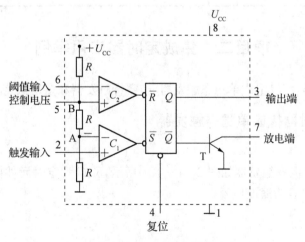

图 2-7-1 555 定时器

两个比较器 C_1 和 C_2 各有一个输入端连接到三个电阻 R 组成的分压器上,比较器的输出

接到 RS 触发器上。此外还有输出级和放电管。输出级的驱动电流可达 $200\ \text{mA}$。

比较器 C_1 和 C_2 的参考电压分别为 $U_A = \dfrac{1}{3}U_{CC}$ 和 $U_B = \dfrac{2}{3}U_{CC}$(本章都用 U_A 和 U_B 表示),根据 C_1 和 C_2 的另一个输入端——触发输入和阈值输入,可判断出 RS 触发器的输出状态。当复位端为低电平时,RS 触发器被强制复位。若无需复位操作,复位端应接高电平。

555 定时器的符号及外管脚分布图如图 $2-7-2$ 所示。

555 定时器的基本功能见表 $2-7-1$。

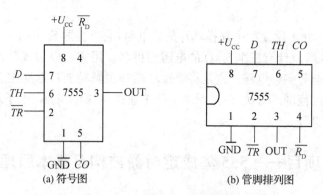

图 $2-7-2$　符号及外管脚

表 $2-7-1$　555 定时器的基本功能

阈值输入 $TH⑥$		触发输入 $\overline{TR}②$		直接复位 $\overline{R_D}④$	放电端 $D⑦$	输出 OUT③
$\times$		$\times$		0	导通	0
$>U_B$	0	$>U_A$	1	1	导通	0
$<U_B$	1	$<U_A$	0	1	断开	1
$<U_B$	1	$>U_A$	1	1	不变	不变
$>U_B$	0	$<U_A$	0	1	不 允 许	

项目二　集成定时器应用举例

利用集成定时器,可以组成单稳态触发器、施密特触发器和多谐振荡器。

1. 用 555 定时器构成单稳态触发器

(1) 电路组成

用 555 构成的单稳态触发器如图 $2-7-3$(a)所示,R、C 为定时元件构成单稳态触发器的定时电路;$0.01\ \mu\text{F}$ 电容为滤波电容。

(2) 工作原理

① 稳态。

当未加触发信号 U_i 为高电平时,接通电源后,U_{CC} 首先通过 R 对 C 充电,使 U_C 上升,当 $U_C \geqslant U_B$ 时,触发器置 0,输出 U_o 为低电平,放电管 T 导通,此后,C 又通过 T 放电,放电完毕后，$U_{\rm C}$ 和。均为低电平不变，电路进入稳态。

②暂稳态。

当触发脉冲 $U_{\rm i}$ 的负窄脉冲触发后，由于 $U_{\rm i}<U_{\rm A}$，触发器被置 1，输出。为高电平，放电管 T 截止，电路进入暂稳态，定时开始。$U_{\rm CC}$ 通过 R 向 C 充电，电容 C 上的电压 $U_{\rm C}$ 按指数规律上升，趋向 $U_{\rm CC}$。当 $U_{\rm C}{\geqslant}U_{\rm B}$ 时，触发器置 0，输出。为低电平，放电管 T 导通，定时结束。电容 C 经 T 放电，$U_{\rm C}$ 下降到低电平，。维持在低电平，电路恢复稳态。

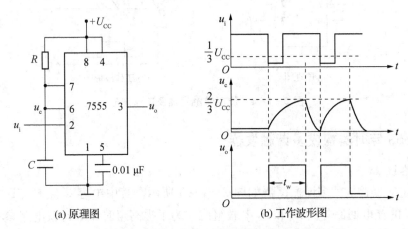

(a) 原理图　　　　　　　　　　　　　　(b) 工作波形图

图 2-7-3　单稳态触发器及工作波形

(3) 输出脉宽 $t_{\rm W}$ 的计算

输出脉宽 $t_{\rm W}$ 等于电容 C 上的电压 $U_{\rm C}$ 从零充到 $\dfrac{2}{3}U_{\rm CC}$ 所需的时间。

$$t_{\rm W} = 1.1RC$$

可以看出，输出脉宽 $t_{\rm W}$ 仅与定时元件 R、C 值有关，与输入信号无关。但为了保证电路正常工作，要求输入的触发信号的负脉冲宽度小于 $t_{\rm W}$，且电平小于 $\dfrac{1}{3}U_{\rm CC}$。

2. 用 555 定时器构成施密特触发器

(1) 电路组成

无须增加任何元件，电路连接如图 2-7-4 (a)所示。图 2-7-4 (b)是输入为三角波时的输出波形。图中 $U_{\rm th}^{+}$ 和 $u_{\rm th}^{-}$ 即为图 7-1 中 $U_{\rm B}$ 与 $U_{\rm A}$。通过改变 5 脚($U_{\rm C}$)的电压，可改变两个阈值。

(2) 工作原理

设在电路的输入端输入三角波。接通电源后，输入电压 $U_{\rm i}$ 较低，$U_{\rm i}<U_{\rm A}$，$U_{\rm i}<U_{\rm B}$ 触发器置 1，输出 $U_{\rm o}$ 为 1，放电管 T 截止。随输入电压 $U_{\rm i}$ 的上升，当满足 $U_{\rm A}<U_{\rm i}<U_{\rm B}$ 时，电路维持原态。当 $U_{\rm i}{\geqslant}U_{\rm B}$ 时，触发器置 0，输出 $U_{\rm o}$ 为 0，放电管 T 导通，电路状态翻转。

当输入电压 $U_{\rm i}>U_{\rm B}$，经过一段时间后，逐渐开始下降，当 $U_{\rm A}<U_{\rm i}<U_{\rm B}$ 时，电路仍维持不变的状态，输出 $U_{\rm o}$ 为低电平。当 $U_{\rm i}{\leqslant}U_{\rm A}$ 时，触发器置 1，输出 $U_{\rm o}$ 变为高电平，放电管 T 截止。

可见：该施密特触发器的正向阈值电压 $U_{\rm th}^{+}=U_{\rm B}$，负向阈值电压 $U_{\rm th}^{-}=U_{\rm A}$。

回差电压：$\Delta U = U_B - U_A = \frac{1}{3}U_{CC}$。在以后的时间里,随输入电压反复变化,输出电压重复以上过程。

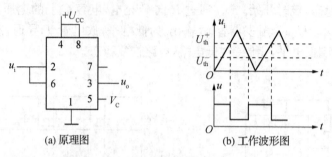

(a) 原理图　　　　　　　(b) 工作波形图

图 2 - 7 - 4　施密特触发器及工作波形

3. 用 555 定时器构成多谐触发器

(1) 电路组成

用 555 定时器构成的多谐振荡器如图 2 - 7 - 5 所示。其中电容 C 经 R_2、T 构成放电回路,而电容 C 的充电回路却由 R_1 和 R_2 串联组成。为了提高定时器的比较电路参考电压的稳定性,通常在 5 脚与地之间接有 0.01 μF 的滤波电容,以消除干扰。

(2) 工作原理

刚接通电源时,由于 电容 C 上的电压 U_C 为 0,电路输出 U_o 为高电平,放电管 T 截止,处于第 1 暂稳态。之后 U_{CC} 通过 R_1、R_2 对 C 充电,使 U_C 上升,当 $U_C \geqslant U_B$ 时,触发器置 0,输出 U_o 为低电平, 此时,放电管 T 由截止变为导通,进入第 2 暂稳态。C 经 R_2 和 T 开始放电,使 U_C 下降,当 $U_C \leqslant U_A$ 时,电路又翻转置 1,输出 U_o 回到高电平,T 截止,回到第 1 暂稳态。之后上述充、放电过程被再次重复,从而形成连续振荡。

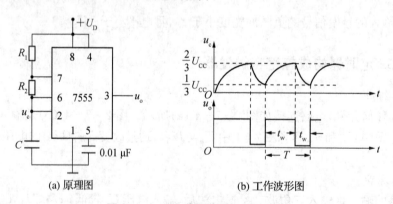

(a) 原理图　　　　　　　(b) 工作波形图

图 2 - 7 - 5　多谐振荡器及工作波形

(3) 主要参数的计算

① 输出高电平的脉宽 t_{W1} 为 C 充电所需的时间

$$t_{W1} = 0.7(R_1 + R_2)C$$

② 输出低电平的脉宽 t_{W2} 为 C 放电所需的时间

$$t_{W2} = 0.7R_2C$$

③ 振荡周期

$$T = t_{W1} + t_{W2} = 0.7(R_1 + 2R_2)C$$

④ 振荡频率

$$f = \frac{1}{T} = \frac{1}{0.7(R_1 + 2R_2)C}$$

⑤ 占空比

$$q = \frac{t_{W1}}{t_{W1} + t_{W2}} = \frac{R_1 + R_2}{R_1 + 2R_2} > 50\%$$

4. 555 定时器的应用实例

（1）555 触摸定时开关

集成电路 $IC1$ 是一片 555 定时电路,在这里接成单稳态电路。平时由于触摸片 P 端无感应电压,电容 C_1 通过 555 第 7 脚放电完毕,第 3 脚输出为低电平,继电器 KS 释放,电灯不亮。

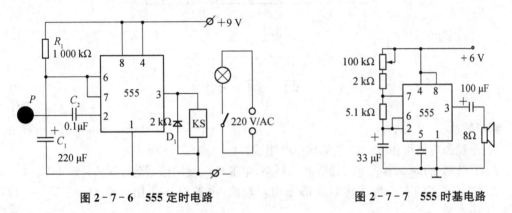

图 2-7-6　555 定时电路　　　　　　图 2-7-7　555 时基电路

当需要开灯时,用手触碰一下金属片 P,人体感应的杂波信号电压由 C_2 加至 555 的触发端,使 555 的输出由低变成高电平,继电器 KS 吸合,电灯点亮。同时,555 第 7 脚内部截止,电源便通过 R_1 给 C_1 充电,这就是定时的开始。

当电容 C_1 上电压上升至电源电压的 2/3 时,555 第 7 脚道通使 C_1 放电,使第 3 脚输出由高电平变回到低电平,继电器释放,电灯熄灭,定时结束。

定时长短由 R_1、C_1 决定：$T_1 = 1.1R_1C_1$。按图 2-7-6 中所标数值,定时时间约为 4 min。D_1 可选用 1N4148 或 1N4001。

（2）简易催眠器

时基电路 555 构成一个极低频振荡器,输出一个个短的脉冲,使扬声器发出类似雨滴的声音（图 2-7-7）。扬声器采用 2 英寸、8 Ω 小型动圈式。雨滴声的速度可以通过 100 K 电位器来调节到合适的程度。如果在电源端增加一简单的定时开关,则可以在使用者进入梦乡后及时切断电源。

（3）直流电机调速控制电路

这是一个占空比可调的脉冲振荡器。电机 M 是用它的输出脉冲驱动的，脉冲占空比越大，电机电枢电流就越小，转速减慢；脉冲占空比越小，电机电枢电流就越大，转速加快。因此调节电位器 R_P 的数值可以调整电机的速度。如电极电枢电流不大于 200 mA 时，可用 555 直接驱动；如电流大于 200 mA，应增加驱动级和功放级。图 2-7-8 中 V_{D3} 是续流二极管。在功放管截止期间为电枢电流提供通路，既保证电枢电流的连续性，又防止电枢线圈的自感反电动势损坏功放管。电容 C_2 和电阻 R_3 是补偿网络，它可使负载呈电阻性。整个电路的脉冲频率选在 3～5 kHz 之间。频率太低电机会抖动，太高时因占空比范围小使电机调速范围减小。

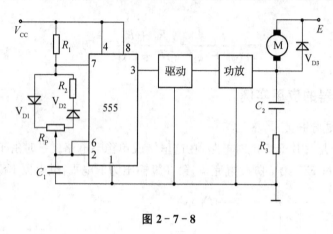

图 2-7-8

习 题 七

一、判断题

1. 单稳态电路可由 555 时基集成电路组成。（　　）

2. TTL 型的 555 集成定时器静态功耗高，电源电压使用范围为＋5 V～＋15 V。（　　）

3. CMOS 型的 555 集成定时器静态功耗较低，电源电压使用范围为＋3 V～＋18 V。（　　）

4. 555 集成定时器可以构成单稳态触发器、多谐振荡器和施密特触发器等多种电路。（　　）

5. 555 集成定时器构成施密特触发器，输入为三角波时的输出波形是矩形波。（　　）

二、选择题

1. 若要用 555 定时器产生周期性的脉冲信号，应采用的电路是（　　）。

    A. 多谐振荡器   B. 双稳态触发器   C. 单稳态触发器   D. 以上均可

2. 型号为 NE555 的集成电路是（　　）。

    A. 选择器   B. 计数器   C. 时基电路   D. 门电路

3. 用 555 定时器构成的多谐振荡器振荡周期 T 是（　　）。

    A. $0.7RC$ B. $1.1RC$ C. $0.7(R_1+R_2)C$ D. $0.7(R_1+2R_2)C$

4. 用 555 定时器构成的单稳态触发器振荡周期 T 是（　　）。

    A. $0.7RC$ B. $1.1RC$ C. $0.7(R_1+R_2)C$ D. $0.7(R_1+2R_2)C$

5. 555 集成定时器构成施密特触发器,输入为锯齿波时的输出波形是( )。

    A. 三角波   B. 正弦波   C. 矩形波   D. 梯形波

三、分析题

1. 图 2-7-9 电路为由 555 定时器构成的锯齿波发生器,三极管 T 和电阻 R_1, R_2, R_e 构成恒流源,给定时电容 C 充电,当触发输入端输入负脉冲后,画出电容电压 U_c 及 555 输出端 U_o 的波形。

2. 简要分析图 2-7-10 由 555 构成的相片曝光定时电路的工作原理。曝光时间计算公式为: $T=1.1 R_T C_T$。本电路提供参数的延时时间约为 1 s~2 min,可由电位器 R_P 调整和设置。

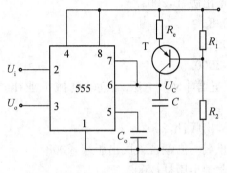

图 2-7-9 分析题 1 图

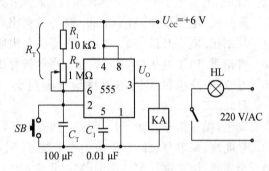

图 2-7-10 分析题 2 图

参考文献

1 陈小虎. 电工电子技术(多学时)[M]. 北京：高等教育出版社,2000.

2 程周. 电工电子技术(少学时)[M]. 北京：高等教育出版社,2001.

3 陈其纯. 电子线路[M]. 北京：高等教育出版社,1998.

4 周绍敏. 电工基础[M]. 北京：高等教育出版社,1998.

5 叶挺秀. 电工电子学[M]. 北京：高等教育出版社,2000.

6 技工学校机械类通用教材编审委员会. 电工工艺学[M]. 4 版. 北京：机械工业出版社,2005.

7 周雪. 模拟电子技术[M]. 西安：西安电子科技大学出版社,2002.

8 佘明辉,郑春华,邱兴阳. 电工电子技术[M]. 呼和浩特：内蒙古人民出版社,2008.

9 佘明辉. 电工电子实验实训[M]. 北京：北京理工大学出版社,2009.

10 谢佳奎. 电子线路[M]. 4 版. 北京：高等教育出版社,1999.

11 佘明辉,孙学耕,廖传柱. 电子信息类专业毕业设计指导书[M]. 北京：机械工业出版社,2012.

12 佘明辉,郑春华,邱兴阳. 电工电子实验与实训[M]. 南京：南京大学出版社,2011.

13 彭瑞. 应用电子技术[M]. 北京：机械工业出版社,2001.

14 佘明辉. 无线电装接工[M]. 哈尔滨：哈尔滨工程大学出版社,2010.

15 佘明辉. 模拟电子技术[M]. 哈尔滨：哈尔滨工程大学出版社,2010.

16 佘明辉,郑春华,邱兴阳. 电工与电子技术[M]. 南京：南京大学出版社,2011.

17 佘明辉,张源峰,孙学耕. 电子工艺与实训[M]. 北京：机械工业出版社,2014.

18 佘明辉. 电工基础[M]. 上海：上海交通大学出版社,2015.

19 佘明辉. 电子技术项目化教程[M]. 上海：上海交通大学出版社,2016.